本读物系四川省社科规划项目（普及项目）"从自然到自然——清洁能源的故事"（项目编号：SC22KP036）的成果。

从自然到自然
——清洁能源的故事

主　编○李平瑞
副主编○刘　欣　高远云　刘显红
　　　　李　响　王　刚

U0200929

西南财经大学出版社
Southwestern University of Finance & Economics Press

中国·成都

图书在版编目(CIP)数据

从自然到自然:清洁能源的故事/李平瑞主编;刘欣等
副主编.—成都:西南财经大学出版社,2024.3
ISBN 978-7-5504-5992-2

Ⅰ.①从… Ⅱ.①李…②刘… Ⅲ.①无污染能源—普及读物
Ⅳ.①X382-49

中国国家版本馆 CIP 数据核字(2023)第 211871 号

从自然到自然——清洁能源的故事
CONG ZIRAN DAO ZIRAN-QINGJIE NENGYUAN DE GUSHI

主 编:李平瑞
副主编:刘欣 高远云 刘显红 李响 王刚

责任编辑:李才
责任校对:周晓琬
封面设计:何东琳设计工作室
责任印制:朱曼丽

出版发行	西南财经大学出版社(四川省成都市光华村街55号)
网 址	http://cbs.swufe.edu.cn
电子邮件	bookcj@swufe.edu.cn
邮政编码	610074
电 话	028-87353785
照 排	四川胜翔数码印务设计有限公司
印 刷	成都市火炬印务有限公司
成品尺寸	148mm×210mm
印 张	5
字 数	72 千字
版 次	2024 年 3 月第 1 版
印 次	2024 年 3 月第 1 次印刷
书 号	ISBN 978-7-5504-5992-2
定 价	39.00 元

清洁能源简介

　　清洁能源是指对环境和人类健康影响较小的能源，其主要包括地热能、水能、核能、风能、生物质能、太阳能、海洋能等。本书将对这些清洁能源的来源逐一进行说明，并对各种清洁能源的开采或采集方式做介绍。

　　地热能是指利用地壳内部的热能转化为电能或直接利用地下温泉、热水进行供暖等的能量。地热能是一种稳定可靠的清洁能源，其优点是不受气候影响、不占用土地、排放物少等，但开发成本较高。

　　水能是指利用水流或落差产生动能进而发电的能量。水电站是最常见的水能发电方式，其优点是清洁、稳定、可靠、寿命长等。但水电站建设需要大量投资、耗费较长时间，同时也会对河流等自然环境造成影响。

核能是指原子核内部结构发生变化而释放出的能量。除了发电，核能还可用于医疗和工业等领域。

风能是指利用风力转动发电机（或直接驱动机械）产生的能量。风能是一种适合大规模开发的清洁能源，且具有可再生性和可持续性。近年来，风能已成为欧洲各国的重要能源之一，并逐渐在全球范围内得到推广和应用。

生物质能是指将植物、动物等有机物质转化为能量的能源，如垃圾焚烧发电、生物质燃料等。

太阳能是指太阳辐射产生的能量，它可通过太阳能电池板转化为电能。太阳能是一种永无止境的能源，而且在日常生活中应用广泛，如太阳能热水器、太阳能灯具等。

海洋能则是指海水中的潮汐、波浪、洋流等自然力量产生的能量。

总体来说，清洁能源具有环保、可再生、可持续等特点，在未来的生产和生活中将扮演越来越重要的角色。

编者

2023 年 8 月

目录
Contents

第一章

Chapter 1

地热能

地热能是一种来自地球内部的可再生能源，它可以用于供暖、发电和其他各种领域。地热能是一种清洁、可靠、环保的能源，可带来很高的经济效益和社会效益。在本章，我们将对地热能的来源、地热能的开采技术、地热能的利用方式、地热能的优缺点以及地热能在全球范围内的应用做详细介绍。

一、地热能的来源

地热能是来自地球内部的热能，其来源可以追溯到地球形成时期。地球内部温度高达数千摄氏度，这主要是地球凝聚时所释放的热量和内部的长时间放射性衰变所导致的。当这些热量通过地球表面的岩石层、水层和沉积岩层传递时，人们就可以利用这些能源供暖、发电等。

二、地热能的开采技术

地热能的开采技术主要分为两类：浅层地热能开采技术和深层地热能开采技术。浅层地热能开采在地表以下几十米左右的范围内进行；而深层地热能开采则需要深入地表以下几千米甚至数万米的岩石层。

1. 浅层地热能的开采技术

浅层地热能主要通过水循环进行开采。具体来说，人们在地下挖掘一口井，往井里注入水，然后让水在地下岩石层中流动，最终将热水泵回地面。在这个过程中，水会受到地下岩石层内部的热量加热，成为热水。热水可以直接用于供暖、温泉浴场等，也可以通过换热器将其传输给热网或发电厂，用于发电。

2. 深层地热能的开采技术

深层地热能开采技术主要分为两种：干燥蒸汽型

开采技术和直接使用型开采技术。干燥蒸汽型开采技术是指通过钻井到达地下岩石层的热区域,利用钻井设备将高温、干燥的蒸汽抽出来,传输给发电机组并进一步产生电力。直接使用型开采技术则是指将热水通过井口抽上来,然后再通过换热器或其他设备加以利用。

三、地热能的利用方式

地热能可以广泛应用于供暖、发电和其他各种领域。以下是地热能的主要应用方式:

1. 供暖

地热能可以直接用于供暖,比如地源热泵系统(ground-source heat pump system,GSHPS)。该系统通过热水循环在室内和室外之间传输热量,从而使建筑物保持暖和。GSHPS 系统比传统的取暖方式更加高效、环保,并且减少了对外部空气的污染。

2. 发电

地热能可以通过蒸汽涡轮机产生电力。这种发电方式称为地热发电（geothermal power generation），是一种清洁、可靠、稳定的发电技术。地热发电厂通常采用二段式回路，让地下的热水和冷水分别通过两个管道循环流动，从而避免了地下水污染。

3. 温泉浴场

地热能也可以用于温泉浴场等休闲场所。具体来说，人们可以利用地下的热水建设温泉浴场，满足游客需要。地热温泉浴场不仅能够为人们提供健康的休闲方式，还可以创造经济效益。

4. 工业过程

地热能还可用于一些高温、高压的工业过程。例如：纸张制造、化工、食品加工等行业都需要高温的过程。利用地热能供热，可以减少排放物的产生，并且降低使用传统能源所带来的成本。

四、地热能的优缺点

与传统能源相比，地热能具有以下优点：

1. 清洁、环保

地热能是一种无污染的能源。它不会释放二氧化碳、硫化物和氮氧化物等有害物质，也不会产生任何垃圾、废气和废水。

2. 可靠、稳定

地热能是一种可靠、稳定的能源。与其他可再生能源如太阳能和风能等相比，地热能不会受到气候变化和季节的影响。此外，地热能输出非常稳定，因为地下热源的温度很少有明显的波动。

3. 取之不尽，用之不竭

地热能是一种可再生的能源。地球内部的热源基本上是无限的，因此地热能可以长期利用而不会耗尽。

4. 经济效益高

虽然地热能的开发成本相对较高，但是从长期来看，它的经济效益非常高。地热能不需要大量投入进行维护和修理，而且地热发电的效率很高，能够有效地降低能源成本。

与传统能源相比，地热能也存在一些缺点：

1. 开采技术难度大

地热能的开采技术相对复杂，有时需要深入几千米才能获取足够的热量。这增加了地热能的开采成本和技术难度。

2. 地理位置限制

地热能的开采需要特定的地质条件。只有在特定的地理位置，比如火山、地热区等，才能开发利用地热能。这就导致地热能的利用范围受到地理位置的限制。

3. 开发规模有限

虽然地热能是一种可再生的能源，但是其开采规模仍然受到限制。地热能的开采规模取决于岩石层的温度、热导率和流量等因素。因此，地热能的开发规模相对较小。

五、地热能在全球范围内的应用

地热能在全球范围内得到了广泛的应用。以下是一些国家和地区的地热能利用情况：

1. 冰岛

冰岛拥有丰富的地热资源，是全球最重要的地热能生产国之一。地热能在冰岛提供了大约87%的暖气和近100%的电力。

2. 美国

美国是全球最大的地热能生产国之一。地热能在美国广泛应用于供暖、制造、发电和其他领域。

3. 中国

中国是世界上第二大地热能消费国。地热能主要用于温泉浴场、城市供暖和工业过程等领域。

4. 日本

日本是一个地震多发的国家，它拥有大量的地热资源。地热能在日本广泛应用于供暖、发电和其他领域。

5. 意大利

意大利是欧洲地热能生产量最大的国家之一。地热能在意大利广泛应用于供暖、制造和其他领域。

六、结论

地热能是一种清洁、可靠、环保的能源，能够带来很高的经济效益和社会效益。虽然其开采技术存在一定的难度和局限性，但是随着科技的发展和不断的实践经验积累，地热能将成为全球能源领域中不可或缺的一部分。

第二章

Chapter 2

水能

　　水能是指通过水的流动或水位差来产生机械动力或发电的能源形式。水能的利用可以追溯到古代，如水车就是一种利用水能的传统机械设备。而现代水能主要通过水力发电厂加以利用。

一、水能是如何产生的

　　水能产生于自然界中水的循环。水从高处流向低处，会形成水流或水位差，这就是水能的来源。水能是一种清洁、可再生的能源方式，能够大幅减少对化石能源的依赖。

　　水能的利用通常涉及以下几个方面：

1. 水坝的建设

水坝是一种用于堵住水流的结构物，通常由水泥、混凝土、土壤等材料建造而成。水坝的建设可以用于形成水库，通过调节水库中水位的高低，可以实现对水能的控制和利用。水坝的建设需要考虑多方面因素，如坝型、坝高、坝顶宽度等。

2. 水轮机的使用

水轮机是一种利用水流转动叶轮产生机械动力或电力的装置。水轮机通常分为水轮式和涡轮式两种。水轮式水轮机可以分为斜流轮、直流轮、反击轮等不同类型。涡轮式水轮机则通常采用水轮机、混流轮等类型。在水能的利用过程中，水轮机的转速和转动方向等参数需要被准确控制，以保证电力的质量和效率。

3. 发电机的使用

发电机是一种将机械能转换为电能的装置。在水能的利用过程中，水轮机产生的机械能将被发电机转换为电能。发电机的性能和效率直接影响到水能的转化效率和发电量。因此,发电机的选择和使用需要特别谨慎。

4. 输电线路的架设

输电线路是将发电机产生的电能传输到用户处的电力输送线路。在水能的利用过程中,输电线路需要根据输电距离、电力需求等因素进行合理设计和使用。输电线路的合理选择和使用能够对电力供应的质量和效率产生重要影响。

总体来说,水能的利用涉及多个环节和相关技术,需要特别谨慎。同时,随着科技的不断发展和进步,水能的利用方式和效率也在不断优化和提高,水能将为人类提供更加清洁和可持续的能源。

二、水能的工作原理

水能的工作原理是基于水的循环和流动将动能转化为电能。在水能的利用中,通常需要利用水坝和水轮机将水的动能转化为机械能，再通过发电机将机械能转化为电能，最后通过输电线路将电能输送到用户处。

具体来说，水能的工作原理涉及以下几个步骤：

1. 水的贮存

首先需要建造水坝来贮存水。水坝可以控制水的流量和水位，使水能够得到充分利用。同时，水坝还可以起到防洪、调节水位、灌溉等作用。

2. 水的流动

水在从高处流向低处的过程中会产生动能。通常，这种动能会利用到水轮机上。水轮机是一种通过水流转动叶轮来产生机械能的装置。水从水坝流出，通过水轮机的叶轮转动，产生机械能。

3. 机械能的转化

水轮机产生的机械能需要通过发电机转化为电能。

发电机是一种将机械能转化为电能的装置。机械能通过水轮机传输给发电机的转子，再利用磁场感应原理，产生电能。

4. 电能的输送

发电机产生的电能需要通过输电线路输送到用户处。输电线路包括高压输电线路、变电站、配电线路等。在输电过程中，需要考虑电能损耗、电力质量等因素。

总体来说，水能的工作原理是利用水的动能转化为电能。这一过程涉及多个环节和相关技术，需要科学地设计和运用。

三、水能对环境的影响

水能虽然是一种清洁能源，但其建设和利用过程仍会对环境造成一定的影响。具体来说，水能对环境的影响主要包括以下几个方面：

1. 对生态环境的影响

建设水坝会改变河流自然流动的状态，形成堰塞湖和淹没区域，影响河流生态系统的稳定性和生态平衡。水电站建设和运行也会对鱼类、水生植物等造成一定的影响。

2. 对水土保持和土地资源的影响

大规模水利工程的建设和运行会影响当地的土地利用和土地面积，影响水土保持和土地资源的可持续利用。

3. 对水质的影响

水坝建设可能会影响水体的水质，导致水污染和水资源破坏。

4. 对社会的影响

水电站建设和运营可能会对当地居民的生活、文化和传统产生一定的影响，引发社会和文化方面的问题。

为了减少水能利用对环境的影响，需要进行科学规划和严格的环保管理。例如，在水坝建设前需要进行环境评价，制定适当的环境保护措施和补偿计划；在运营过程中要严格控制排放、减少生态破坏等。此外，要积极开展水能技术的研发和创新，推广利用更加环保的水能技术。

四、水能对经济的影响

水能作为一种清洁能源，对经济的影响较大，主要表现在以下方面：

（一）优点

1. 节约能源成本

水能是一种可再生能源，利用水能发电不需要消耗燃料，因此成本较低。与传统化石能源相比，水能发电的成本更加稳定，具有一定的可持续性。

2. 改善能源结构

水能是一种清洁能源，使用水能发电可以减少传统化石能源的使用，从而改善能源结构，降低对环境的影响。

3. 提供大量的就业机会

水电建设需要大量的工程建设、技术研发、管理运营等人力资源，这为当地提供了大量的就业岗位，能够促进当地经济的发展。

（二）缺点

1. 建设成本较高

水能利用需要大规模的水坝、电站等工程设施，投资成本较高，一些贫困地区可能无法承担这样的成本。

2. 对生态环境的影响

建设水坝和电站会改变河流的自然流动状态，影响水生态环境的稳定性和生态平衡。建设水电站还可能会导致鱼类、水生植物等灭绝和栖息地的丧失，影响水生态系统的健康。

3. 受天气的影响

水能发电受水资源的影响较大。当水量不足时，发电量会受到影响，这对于一些水量不足的地区来说是一个较大的问题。

综上所述，水能作为一种清洁能源，对经济的发展和环境的保护都具有重要意义。但同时也应注意其建设和利用过程中可能产生的问题，需要采取相应的措施加以解决。

五、人类利用水能水电的发展历史

人类利用水能的历史可以追溯到公元前250年左右的中国。当时中国处于农业社会阶段，人们使用水车将水能转化为机械能，用于灌溉农田和磨谷物等。

西方也在中世纪开始使用水车和水轮将水能转化为机械能，用于制造纺织品、磨面等。

19世纪末至20世纪初，随着电力的发明和电力系统的建立，人类开始利用水能发电。第一座商业化水电站于1881年在美国纽约的长岛上投入使用。20世纪初，水力发电已经在欧美等发达国家和地区得到广泛应用。

随着技术的进步，特别是水能发电技术的成熟，水电在世界范围内得到了快速的发展。目前，全球水电装机容量已达1.2万亿瓦，占全球总装机容量的17%以上。中国是全球最大的水力发电国家，拥有丰富的水能资源和雄厚的水电技术实力。水电占中国电力总装机容量的比重逐年增加，已成为中国清洁能源发展的重要组成部分。

六、全球水力发电容量

根据相关信息①，2021 年全球水力发电装机容量达 1 360 GW（吉瓦）。这包括各种类型的水力发电设施，如大坝、水电站和小型水力发电设施。

以下是一些国家在全球水力发电容量方面的例子：

【中国】中国是全球最大的水力发电国家，拥有世界上最大的水力发电容量。其总装机容量超过 350 GW，约占全球水力发电总装机容量的 1/4。

【巴西】巴西是全球第二大水力发电国家。该国拥有丰富的水资源和大规模的水电项目，总装机容量约为 105 GW。

---

① 2021 年全球水电装机容量达 1 360 GW，新增部分主要来自中国［EB/OL］. https://baijiahao.baidu.com/s？id＝1742361131292729473.

【美国】 美国在水力发电方面也具有重要地位，其总装机容量约为 102 GW。该国拥有许多大型水电站，如胡佛大坝水电站和格伦峡谷大坝水电站。

【加拿大】 加拿大是水力发电资源丰富的国家，其总装机容量约为 82 GW。水力发电在加拿大的能源供应中扮演着重要角色。

【俄罗斯】 俄罗斯也是全球水力发电容量较大的国家之一，其总装机容量约为 54 GW。该国拥有许多水力发电站，尤其在西伯利亚地区。

其他拥有较大水力发电容量的国家包括印度、日本、挪威、委内瑞拉和法国等。

需要注意的是，这些数据可能随时间的推移和新的水力发电项目的建设而发生变化。水力发电的容量也受到自然条件、环境和社会因素的影响。

七、中国的水能应用现状

1. 水力发电容量

中国是全球最大的水力发电国家，拥有世界上最大的水力发电容量。截至 2021 年，中国的水力发电总装机容量超过 350 GW，占全球水力发电总装机容量的 1/4 左右。

2. 大型水电站

中国拥有许多大型水电站，如三峡水电站、长江电站和黄河电站等。三峡水电站是世界上最大的水电站，其装机容量超过 22.5 GW。

3. 小型水电站

除了大型水电站外，中国还广泛发展小型水电站。小型水电站主要分布在农村和偏远地区，为当地提供电力供应。这些小型水电站对农村电气化和经济发展起到了重要作用。

4. 水能资源

中国拥有丰富的水能资源，特别是河流和湖泊众多。长江、黄河、珠江和淮河等河流以及青海湖、洞庭湖和鄱阳湖等湖泊都提供了广阔的水力发电潜力。

5. 水能政策和规划

中国政府一直致力于发展水力发电，并制定了一系列政策和规划来促进水能的可持续利用。政府鼓励水电项目的建设和技术创新，以提高水能的利用效率和环保性能。

6. 环境和社会影响

水力发电在中国也面临一些环境和社会挑战。大型水电站的建设可能会对生态系统如水生物多样性、河流生态和水质等产生影响。同时，水电站的迁建和库区移民也会对当地居民和社区产生影响。

7. 新兴水能技术

除了传统的大坝式水力发电，中国还在积极推进新兴的水能技术的研发和应用。例如，潮汐能、波浪能和海洋温差能等水能技术正在得到关注和推广。

总体来说，水能在中国发挥着重要作用，为能源供应和经济发展做出了贡献。

八、未来水能水电的发展趋势

随着全球对环境问题日益重视，清洁能源将成为未来发展的主流。水能作为最为成熟的清洁能源之一，具有稳定可靠、无污染等优点，将在未来得到更广泛的应用。

1. 技术不断革新

随着时代的进步，水力发电将更加高效、节能、可靠、安全。同时，水电站的规模将不断扩大，发电效率将不断提高。

2. 发展模式多元化

未来水能水电的发展模式将更加多元化，不仅包括传统的大型水电站，还包括小型水电站、潮汐能利用等。同时，水能水电与其他清洁能源之间融合发展也将更加深入。

3. 端到端的数字化转型

随着数字化技术的不断发展，水能水电的生产、管理、运营等方面都将实现端到端的数字化转型，水能水电的运行效率和生产效益将进一步提高。

第三章

Chapter 3

核能

核能是指核反应或核跃迁时释放的能量。这些能源可用于发电、医疗和工业等领域。目前，核能是世界上最常用的清洁能源之一，它的主要优点包括不会排放二氧化碳（CO_2）以及在生命周期内所需的土地面积相对较小。

核反应堆是能够将核燃料变成热能的设备。当核燃料（例如铀）处于反应堆中时，其原子核被分裂，并释放出大量的能量，这种过程称为核裂变。通过一个名为"燃料棒"的装置，反应堆将核燃料中的能量转换成热能，然后使用这个热能来生成蒸汽，推动涡轮机旋转，最终驱动发电机发电。核反应堆的热量还可以用于其他领域，如加热液体和发展新药品。

一、核能的优点

1. 清洁

相较于传统燃煤和石油发电厂，核反应堆不会排放二氧化碳（CO_2）和其他温室气体。因此，核能被视为一种清洁能源，可帮助减少全球变暖和气候变化的影响。

2. 能量巨大

核燃料在正常使用条件下可以提供巨大的能量，而且与其他类型的能源相比，核燃料的成本也相对较低。这样就能够满足国家的能源需求，并为工业和人民生活提供廉价、可靠的电力。

3. 具有稳定性

核反应堆的反应过程非常稳定，因此与风能和太阳能等不稳定的可再生能源相比，核能可更稳定地提供持续的电力。

4. 所需土地面积小

相比于其他能源设施，如水力和风力涡轮机，核反应堆占用的土地面积相对较小。

5. 医学和科学研究

核能技术还可用于医学和科学研究，如检测癌症和开发新的药物，为人类健康和科学进步带来许多好处。

二、核能的缺点

1. 安全风险

核能的主要风险是放射性废物。由于核燃料裂变时会产生具有高度放射性的废物，这些废物需要妥善处理。同时，核反应堆也存在潜在的安全风险，如辐射泄漏和核事故等。

2. 成本和建设周期

与传统燃煤和石油发电厂相比，核反应堆的建设成本较高，并且需要长时间才能完成。此外，核能的维护和运营成本也相对较高。

虽然核能有许多优点，但是需要注意的是，要安全地使用核能，必须遵循严格的安全规定和程序。同时，需要妥善处理放射性废物，以确保不会对环境和人类健康造成危害。

三、全球核能应用现状

目前全球有多个国家在利用核能发电以及进行核技术研究和应用。以下是部分国家的现状：

1. 美国
美国是全球最大的核能生产国之一，拥有 96 个商业化核反应堆。核能约占美国总体能源消耗的 20%。

2. 中国
中国目前是世界上核能市场增长速度最快的国家

之一，正在运营或建设中的核反应堆有 30 多个。

3. 法国

法国是欧洲最大的核电生产国，拥有 56 个商业化核反应堆。核能约占法国总体能源消耗的 75%。

4. 日本

日本在 2011 年福岛核事故后关闭了大部分核反应堆。但最近开始重新启动，现有 9 个核反应堆正在运营。

5. 俄罗斯

俄罗斯是世界上最大的核能生产国之一，拥有 38 个商业化核反应堆。核能约占俄罗斯总体能源消耗的 18%。

6. 韩国

韩国是世界第五大核能生产国，拥有 24 个商业化核反应堆。核能约占韩国总体能源消耗的 20%。

7. 加拿大

加拿大拥有 19 个商业化核反应堆，核能约占加拿大总体能源消耗的 15%。

除此之外，英国、印度、巴基斯坦和伊朗等国也在利用核能发电，并进行核技术研究和应用。由于核能存在安全风险和成本问题，一些国家正在逐步减少对核能的依赖，转向可再生能源或其他清洁能源。

总体来说，核能是一种非常强大的能源，它可以为我们提供可靠而廉价的清洁能源，但它也需要谨慎、规范地运作和管理才能保证安全。

第四章

Chapter 4

风能

说起风，我们可能就会想到唐代诗人李峤的那首诗："解落三秋叶，能开二月花。过江千尺浪，入竹万竿斜。"尽管风没有颜色，不能为我们所见，但我们仍然可以感受其能量的强大。

一、风能的来源

我们生活的地球，表面被一层一层的空气所覆盖。层层的空气像被子一样向下盖在陆地和海洋的上面，从而构成了我们所说的大气层。大气层向下的压力叫作大气压。

由于各个地区之间的地理环境和受到太阳辐射的强度不同，所以气压存在差异。当气压差异足够大时，空气就会在压力差的作用下由高气压地区流向低气压地区，从而形成风。在空气流动中所形成的动能就是风能。

空气产生运动主要源于地球上各纬度所接受的太阳辐射强度不同。在赤道和低纬度地区，太阳高度角大，日照时间长，太阳辐射强度强，地面和大气接收的热量多，温度高；在高纬度地区，太阳高度角小，日照时间短，地面和大气接收的热量少，温度低。这种高纬度与低纬度之间的温度差，形成了南北之间的气压梯度，使空气做水平运动。

地球自转使空气水平运动发生偏向的力，称为地转偏向力。所以地球大气运动除受气压梯度力的影响外，还要受到地转偏向力的影响。大气运动是这两种力综合影响的结果。除此之外，地球上局地环境的不同区域性气流也可以改变全球气流的状况，从而产生局地性气流流动。地球上局地性气流流动产生的风，常见的有季风、海陆风、山谷风等。

季风是由于大陆和海洋在各个季节中受热和冷却程度的不同而产生的风向随季节的变化而有规律地变化的现象。夏季，陆地迅速增热，海洋温度相对较低，因此陆地气压低于海洋，气流从海洋流向大陆，形成夏季风。冬季情况则正好相反，冬季风从大陆吹向海洋。这种每隔半年冬夏风向相反的环流称为季风环流。

有海陆差异的地区，白昼时，大陆上的气流受热膨胀上升至高空再流向海洋，到海洋上空冷却下沉，在近地层海洋上的气流吹向大陆，补偿大陆的上升气流，低层风从海洋吹向大陆，称为海风；夜间（冬季）时，情况相反，低层风从大陆吹向海洋，称为陆风。

山区的风有这样的特点：白天太阳出来，空气受热后上升，沿着山谷（山坡）爬向山顶，即风是从山谷吹向山腰、山顶，这样形成的风称为"谷风"。晚上太阳下山，山顶和山腰空气冷却很快，而集聚在山谷里的空气还是暖暖的，这时，山顶和山腰的冷空气流向谷底，即风从山顶、山腰吹向山谷，这样形成的风称为"山风"。

二、风能的特点

1. 风能的优点

（1）风能是蕴藏量巨大的可再生能源

风的能量来自太阳，也是太阳能的一种转化形式。只要太阳存在，就可以不断地形成风，不断地产生风能。因此，风能是取之不尽、用之不竭的可再生能源。到达地球表面的太阳能，大约有2%转化成了风能。目前全球风能总量约为2.74×10^{12}千瓦时，而可以利用的风能约为2×10^{10}千瓦时，远远超过地球上可以开发利用的水能总量。全球每年燃烧煤炭获得的能量，还不及可利用风能的1%。

（2）风能是绿色能源

风能在转化成机械能或电能的过程中，不需要燃料投入，也不会产生任何有毒气体和废物，因而不会造成环境污染。更重要的是，人们每使用风力生产100万千瓦时的电量，会减少600吨的二氧化碳排放，削弱全球变暖对气候的影响。

（3）资源投入较小

风能存在于地表，可直接利用，不像石油、煤炭等地下能源还需开采；分布广泛，可就地取材，无须运输，相关资源的投入较小。

2. 风能的缺点

（1）风能的能量密度很低

风能来源于空气的流动，而空气的密度很小，因此空气的能量密度很低。举例来说，同样是3米/秒的速度，由于能量密度的差异，同体积的水带来的能量是风能的1 000倍。

（2）风能具有不稳定性

空气的流动瞬息万变。随着季节的更替，风速、风向和持续时间都会发生极大的变化，这些影响了风能的利用。

（3）地区差异较大

地理纬度不同，地势地形不同，都会对大气压造成影响，进而使风力有很大的不同。有时甚至在相邻的区域，由于地形的差异，风力也可以相差极大。

3. 风能的基本特征

（1）风速

风速是指单位时间内空气在水平方向所移动的距离，常用来衡量风的大小。风速的常用单位是米/秒、千米/小时。例如，风速 10 米/秒，就是说风每秒钟前进 10 米。风中的能量与风速的 3 次方成正比。也就是说，3 倍的风速意味着高达 27 倍的能量。因此，风速快的地方是理想的风力发电场所。测量风速需要专门的仪器，这些仪器包括声学风速计、散热式风速计和旋转式风速计等。由于风经常变化，不是恒定的，所以风速仪测到的是瞬时风速。而将一段时间内测得的多次瞬时风速取平均值，就得到平均风速。

（2）风级

风级是根据风对地面或海面物体影响而引起的各种现象，人们常常按照风力的强度等级来估计风力的大小。1805 年，英国人弗朗西斯·蒲福拟定了风速的等级，国际上称为"蒲福风级"。自 1946 年以来风力等级又做了一些修订，由 13 个等级改为 18 个等级，实际上应用的还是 0~12 级的风速，所以最大的风速为人们常说的 12 级台风。

风级、名称、风速及表现如表 4-1 所示。

表 4-1　风级、名称、风速及表现

级别	名称	风速/(m/s)	陆地表现	海面表现	浪高/m
0	无风	0.3 以下	烟直上	海面平静	0
1	软风	0.3~1.6	烟能表示出方向，但风向标不动	海面出现鱼鳞式微波，但无浪	0.1
2	轻风	1.6~3.4	人的脸部能感觉到风，风向标开始转动	小波浪清晰，出现浪花但不翻滚	0.2
3	微风	3.4~5.5	树叶和小树枝不停地晃动	小波浪增大，浪花翻滚	0.6
4	和风	5.5~8.0	沙尘飞扬，纸片飘起，小树枝晃动	小波浪增大，白浪增多	2

表4-1（续）

级别	名称	风速/(m/s)	陆地表现	海面表现	浪高/m
5	轻劲风	8.0~10.8	有叶的小树枝摇摆，内陆水面出现波纹	波浪中等大小，白浪更多，有时出现飞沫	2
6	强风	10.8~13.9	大树枝晃动，电线发出响声，撑伞走路困难	大波浪，到处呈现飞沫	3
7	疾风	13.9~17.2	小树的整个树干晃动，人迎风行走不便	浪大翻滚，白沫像带子一样随风飘动	4
8	大风	17.2~20.8	小的树枝折断，迎风行走困难	浪花顶端出现水雾	5.5
9	烈风	20.8~24.5	烟囱瓦片受到损坏，小茅屋遭到破坏	浪前倾、翻滚、倒卷，飞沫挡住视线	7
10	狂风	24.5~28.5	陆上少见，可把树木连根拔起，严重破坏建筑物	海面成白色，波浪翻滚	9
11	暴风	28.5~32.7	陆上罕见，引起严重破坏	浪大高如山，视线受阻挡	11.5
12	飓风	32.7及以上	—	空气里充满水泡飞沫，影响视线	14

（3）风能密度

风能密度是指单位时间内通过单位横截面的风所含的能量，常以 W/m^2 来表示。风能密度是决定一个地方风能潜力的最方便、最有价值的指标。风能密度与空气密度和风速有直接关系，而空气密度又取决于气压、温度和湿度，所以不同地方、不同条件下的风能密度是不尽相同的。沿海地区地势低、气压高，空气密度大，适当的风速下就会产生较高的风能密度；而在高海拔地区，空气稀薄、气压低，只有在风速很高时才会有较高的风能密度。

三、风能的利用方式

风能给我们日常的生产、生活带来很多便利：能够帮助农作物传播花粉，可以推动帆船航行，还可以通过风车来发电。但是，风能有时也会对我们的家园造成极大的破坏，比如沙尘暴会引发严重的呼吸道疾病，龙卷风、台风等顷刻间就能造成大片房屋的倒塌。

人们利用风力鼓动船帆，帮助船只在河面、海面上航行。这是人类历史上最为悠久的风能利用方式。我国是世界上最早利用风能的国家之一。早在3 000年前的我国商朝时期，就开始出现帆船。诗仙李白的诗篇中，也有诸如"长风破浪会有时，直挂云帆济沧海""孤帆远影碧空尽，唯见长江天际流"等与帆有关的名句。

12 世纪，风车从中东传入欧洲。16 世纪，荷兰人利用风车排水，填海造地，在低洼的海滩上建立国家。我国沿海沿江地区也有使用风力提水灌溉或制盐的做法，并一直延续到 20 世纪 50 年代。

风力发电是在风力提水的基础上发展起来的。19世纪末，丹麦人发明了风力发电机。随后，不少国家开始相继研究风力发电技术。尤其在第二次世界大战以后，较大的能源需求量进一步刺激了世界风力发电的发展。近年来，随着石油危机出现和环境问题日益突出，很多国家都加快了风能发电设备的研发和建设速度。

四、风能发电

风能发电的装置叫风力发电机组，俗称风机。其装置包含下部做支撑的塔筒、随风旋转的叶轮、齿轮箱、传动轴和发电机等部件。风吹动叶轮旋转，齿轮箱将叶轮的转速提高到发电机要求的大小，并由传动轴将能量传递给发电机，发电机就能发电了。

各地的风能资源和应用场景不同，风机的形态和大小也各不相同。

按旋转方式的不同，风机可以分为垂直轴风机和水平轴风机。顾名思义，垂直轴风机就是叶轮按照垂直方向旋转的风机。相较于水平轴风机，垂直轴风机具有以下特点：①风机较低且占地面积小，方便维修；②结构简单且对风速要求低，有风就能工作；③噪声较小；④转速不好控制；⑤发电量有限，且无法做大。

按照单机功率来划分，风机可分为微型风机（1 kW 以下）、小型风机（1~10 kW）、中型风机（10~100 kW）、大型风机（100 kW 以上）。微、小型风机发的电，一般可直接利用，这种形式的发电也叫离网型发电。离网型发电可以应用在电网不易到达的边远地区，如牧区、海岛等。每年夏天，牧民们都会带着他们的蒙古包在大草原上迁徙。由于大草原上没有完善的供电网络，小型的风电机就成为牧民们很好的选择。我们知道，风不是恒定的，而是时有时无、时大时小的。风大的时候发的电用不完，无风的时候又没有电，这样无法精准满足我们的用电需要。因此，我们需要给风机装上蓄电池，将风大的时候暂时不用的电存起来，以备不时之需。另外，因为蓄电池放出的是直流电，而我们的电器使用的是交流电，所以还需要加装逆变器进行转换。

为了满足人们的用电需求，风力发电不能只依靠小、微型风机，更多时候需要使用大型风机并建设风电场，进行规模化运营。中、大型风机发电，由于其发电量较大，更适宜将其所产生的电力通过电网来收集和传输，以供人们使用，所以称为并网型发电。目前大风机的叶轮直径都在 70 米以上，很多还超过了100 米，海上风场装配的大风机叶轮直径甚至超过了

150 米。塔筒的高度一般为叶轮直径的 1~1.5 倍，因此塔筒的高度也要相应地增加。

五、风能资源分布

1. 全球风能资源概况

全球风能资源丰富，其中仅是接近陆地表面 200 m 高度内的风能，就大大超过了目前每年全世界从地下开采的各种矿物燃料所产生能量的总和，而且风能分布很广，几乎覆盖所有国家和地区。

欧洲是世界风能利用最发达的地区，其风能资源非常丰富。欧洲沿海地区风能资源最为丰富，主要包括英国和冰岛沿海，西班牙、法国、德国和挪威的大西洋沿海，以及波罗的海沿岸地区，其年平均风速可达 9 m/s。整个欧洲大陆，除了伊比利亚半岛中部、意大利北部、罗马尼亚和保加利亚等部分东南欧地区以及土耳其以外（该区域风速较小，在 5 m/s 以下），其他大部分地区的风速都较大，基本在 6 m/s 以上。

北美洲地形开阔平坦，其风能资源主要分布于北美洲大陆中东部和东西部沿海以及加勒比海地区。美国中部地区，是广袤的北美大草原，地势平坦开阔，其年平均风速可达 7 m/s，风能资源蕴藏量巨大，开发价值很大。北美洲东西部沿海风速达到 9 m/s，加勒比海地区岛屿众多，大部分沿海风速均在 7 m/s 以上，风能储量也巨大。

2. 我国风能资源概况

我国风能资源非常丰富，仅次于俄罗斯和美国，居世界第三位。根据中国气象研究机构的估算，我国地面风能可开发总量达 32.26 亿 kW，高度 10 m 内实际可开发量为 2.53 亿 kW。我国风能资源丰富的地区主要集中在北部、西北、东北草原和戈壁滩，以及东南沿海地区和一些岛屿上，涵盖福建、广东、浙江、内蒙古、宁夏、新疆等省（自治区）。

我国风能资源可划分为如下几个区域：

东南沿海及其岛屿是我国的最大风能区。这一地区，有效风能密度大于或等于 200 W/m² 的等值线平行于海岸线，沿海岛屿的风能密度在 300 W/m² 以上，有效风力出现时间百分率达 80%~90%，大于或等于 3 m/s 的风速全年出现时间为 7 000~8 000 h，大于或等于 6 m/s 的风速全年也有 4 000 h 左右。

内蒙古和甘肃北部是我国第二大风能区。这一地区终年在西风带控制之下，而且又是冷空气入侵首当其冲的地方，风能密度为 200~300 W/m²，有效风力出现时间百分率在 70% 左右，大于或等于 3 m/s 的风速全年有 5 000 h 以上，大于或等于 6 m/s 的风速全年有 2 000 h 以上，从北向南逐渐减少，但不像东南沿海梯度那么大。这一地区的风能密度虽较东南沿海小，但其分布范围较广，是我国连成一片的最大风能资源区。

黑龙江和吉林东部以及辽东半岛沿海区域是大风能资源区。风能密度在 200 W/m² 以上，大于或等于

3 m/s 和 6 m/s 的风速全年累积时数分别为 5 000~
7 000 h 和 3 000 h。

　　青藏高原、三北地区的北部和沿海属于较大风能
资源区。这个地区（除去上述范围）风能密度为
150~200 W/m²，大于或等于 3 m/s 的风速全年累计为
4 000~5 000 h，大于或等于 6 m/s 的风速全年累计为
3 000 h 以上。青藏高原大于或等于 3 m/s 的风速全年
累计可达 6 500 h，但由于青藏高原海拔高、空气密度
较小，所以风能密度相对较小，在 4 000 m 的高度，
空气密度大致为地面的 67%。也就是说，同样是 8 m/s
的风速，在平地为 313.6 W/m²，而在 4 000 m 的高度
却只有 209.3 W/m²。所以，如果仅按大于或等于
3 m/s 和大于或等于 6 m/s 的风速的出现小时数计算，
青藏高原应属于最大区，而实际上这里的风能却远小
于东南沿海岛屿。

　　云南、贵州、四川，甘肃、陕西南部，河南、湖
南西部，福建、广东、广西的山区以及塔里木盆地则

是最小风能资源区。有效风能密度在 50 W/m² 以下时，可利用的风力仅有 20% 左右，大于或等于 3 m/s 的风速全年累计时数在 2 000 h 以下，大于或等于 6 m/s 的风速全年在 150 h 以下。这一地区除高山顶和峡谷等特殊地区外，风能潜力很低，无利用价值。

其他部分区域也有季风资源可以加以利用。这些地区风能密度为 50~100 W/m²，可利用风力为 30%~40%，大于或等于 3 m/s 的风速全年累计在 2 000~4 000 h，大于或等于 6 m/s 的风速全年在 1 000 h 左右。

六、风能在全球范围的应用现状及发展趋势

1. 风能的应用现状

全球风能资源极为丰富，而且分布在几乎所有的地区和国家。技术上可以利用的资源总量估计约为 5 300 TW·h/a（53×10⁶ 亿度/年）。经过几十年的努力，世界风能利用取得了令人瞩目的成就。

根据全球风能理事会（Global Wind Energy Council，GWEC）发布的《2022 年全球风能报告》，得益于技术进步和商业模式创新，风能行业正在快速发展，2021 年全球新增风电装机容量 93.6 GW，较 2020 年下降 1.8%。其中陆上风电新增装机容量为 72.5 GW，海上风电新增装机容量为 21.1 GW，与往年相比，海上风电新增装机容量大幅上升。

截至 2021 年底，全球风电装机总量达 837 GW，其中我国位居世界第一，装机总量达 338.31 GW，约占世界总装机容量的 40.42%；美国风电装机总量为 134.40 GW，占比约为 16.06%，仅次于中国；德国虽然在 2021 年新增装机容量不是很多，但作为老牌风电强国，其累计装机容量仍占第三的位置，风电装机总量为 64.54 GW，占比约为 7.71%；印度和英国的装机总量分别为 40.08 GW 和 26.59 GW，占比分别约为 4.79% 和 3.18%。中国和美国风电累计装机量占世界总装机量的比例超过 50%，风电累计装机量排前五的国家占比超过 70%。

2. 风力发电的发展趋势

（1）机组单机容量快速稳步上升

机组单机容量的增大有助于降低单位成本，提高风能的利用效率，提高风电场的空间利用率。2005年以前，市场的主力机型是750 kW以下；2005—2008年，750 kW成为主流机型；2008年至今，主力机组逐渐从1.5 MW提升至3 MW。

海上风电场的进一步开发加快了机组容量的提升，单机容量5 MW的机组已经投入商业化运营，各国都在大力投入研发更大容量的机组，为抢占更大规模的海上风电场做准备。

（2）从恒速运行方式走向变速运行方式

风电机组分为恒速运行的发电机系统和变速运行的发电机系统。恒速运行的发电机系统是指在风力发电过程中保持发电机的转速不变从而得到和电网频率一致的恒频电能，恒速恒频系统一般来说比较简单，风能利用率低，所采用的发电机主要是同步发电机和鼠笼式感应发电机。变速运行的发电机系统是指在风力发电过程中发电机的转速可以随风速变化而通过其他的控制方式来得到和电网频率一致的恒频电能。一般采用双馈异步发电机或多级同步发电机。目前，国内生产的风机以恒速运行为主，但很快将会过渡到变速运行的方式，以便和国际领先技术接轨。

（3）海上风电场飞速发展

随着风力发电的迅速发展，陆地上风力发电的一些问题如占用土地、影响自然景观、噪声等给周围居民生活带来不便等逐渐显露出来，而海上风力发电具有资源丰富、风速稳定、不占用陆地、可大规模开发等优势，具有广阔的开发应用前景。

第五章

Chapter 5

生物质能

　　随着世界人口的持续增长和气候的不断变化，越来越需要开发和推广可持续的生物质能，以发展繁荣和可持续的生物经济。包括生物燃料和生物产品在内的绿色技术是减少温室气体排放和全球变暖同时满足人类能源需求的最有效战略之一。

一、生物质能的来源

　　化石燃料的枯竭和环境的恶化已经成为社会发展的桎梏。向绿色、清洁、可再生能源的转型对于社会的可持续发展至关重要。生物质能具有来源全面、储量丰富、低排放、可再生的特点，应用潜力大。近年来，全球专家学者对其做了广泛研究，其被誉为继煤炭、石油、天然气之后的第四大能源。

生物质能几乎应用于现代工业的各个领域。由于资源条件和环境要求的不同，各国对生物质能的发展政策和研发重点也不尽相同。国外对生物质能的研究主要集中在生物质能的气化、液化、热解、固化和直接燃烧上，而国内的研究主要集中在生物质发电上。进入新时代以来，为缓解未来能源与环境的双重压力，国家出台了一系列生物质能发展政策，支持生物质能的快速发展，提高国内生物质能利用水平，扩大生物质能应用规模。

生物质，指一切直接或间接来源于绿色植物光合作用形成的有机物质，在 1972 年的第一次石油危机以后超出生态学上的概念范围，扩大到能够作为能源的生物质的量。生物质能（bioenergy）是指来自最近存活（但现在已经死亡）的生物体的物质，用于生物能源生产。例如，木材、木材残余物、能源作物、农业残余物以及工业和家庭的有机废物。木材和木材残留物是当今最大的生物质能源。木材可以直接作为燃料使用，或加工成颗粒燃料或其他形式的燃料。其他植物如玉米、柳枝稷、木犀草和竹子等也可以用作燃料。主要的废弃物原料是木材废弃物、农业废弃物、城市固体废弃物和制造业废弃物。可以通过不同的方法将原始生物质升级为更高等级的燃料,这些方法大致分为热学、化学或生物化学。

国际能源署的"2050 年零排放"方案要求到2030 年淘汰传统生物能源,现代生物能源的份额从2020 年的 6.6%增加到 2030 年的 13.1%和 2050 年的18.7%。联合国政府间气候变化专门委员会(Intergovernmental Panel on Climate Change,IPCC)认为,如果能对生物能源善加利用,生物能源有很大的气候变化压力缓解潜力。

二、生物质能的开采(收集)技术

从生物质到电力,有多种转化技术可用。这包括热化学转化、生化转化和物理化学转化。

（一）　生物质的热化学转化

能量是在热化学转化过程中应用热量和化学物质产生的。当前的四种热化学转化过程是燃烧、热解、气化和液化。

1. 燃烧

这种转化技术带来了大约 90% 的总生物质容量。在这种转化过程中，燃烧室或熔炉中的生物质在高温下燃烧并产生热气，然后将其送入产生蒸汽的锅炉，该锅炉膨胀并通过蒸汽轮机或蒸汽机产生机械能或电能。该技术能够对各种类型的生物质如木材、干树叶、稻壳、干动物粪便等进行操作。燃烧过程是放热化学反应，即生物质在存在的情况下燃烧从而释放出化学能，这些化学能可以转化为机械能和电能。

2. 热解

热解是指在密闭容器（无氧条件下）对生物质进行 500℃ ~ 900℃ 的加热处理。它产生液体（生物油）、固体（木炭）和气体（可燃气体）。高温导致挥发性成分蒸发，其蒸气通过液化冷凝成液体。在这个过程中产生的液体燃料可以储存并随后用于加热和发电。

3. 气化

气化是指用最少的氧气（O_2）/空气加热固体生物质以产生低热值的气体或与蒸汽和氧气反应产生中等热值的气体。这种气体称为合成气，主要包含一氧化碳（CO）、氢气（H_2）、甲烷（CH_4）和氮气（N_2）。在高温和高压下，合成气可用作发电燃料或作为石化产品和精炼产品如甲醇、氨、合成汽油等的来源。

4. 液化

液化是一种在 280℃～370℃ 的中等温度和高压（水中 10～25 MPa）下进行的生物质转化方法。这种方法还可用以生产类似于原油的液态生物颗粒，以及其他气态、水性和固态副产品。所得产品的热含量高，含氧量低，是一种化学性质稳定的燃料。液化的主要目的是生产具有高氢碳原子比（H/C）的油。

（二）生物质的生化转化

为了分解生物质，在生化转化过程可使用来自细菌和其他微生物的酶。生物质的生化转化过程包括厌氧消化和发酵。

1. 厌氧消化

在没有氧气的情况下，可借助厌氧消化从潮湿的有机废物中制取沼气。水解、产酸、产乙酸和产甲烷是该过程的四个基本阶段。在整个过程中，无氧环境中的微生物能够通过自然代谢途径发生一系列化学反应。污水污泥、农业残留物、城市生活垃圾和动物粪便是此类工艺中常用的原料。

2. 发酵

发酵是利用微生物将碳水化合物（例如淀粉和糖）转化为乙醇的机制。生物质磨碎后，淀粉通过酶转化为糖，然后酵母将糖转化为乙醇。酿酒酵母是该过程中最常用的微生物，此过程的原料分为三类：糖、淀粉和木质纤维素底物。蒸馏是一个能源密集型步骤，1 000 千克干玉米可生产大约 450 升乙醇。该过程产生的固体残渣可用作饲料，甘蔗渣可用于后续气化原料或用作锅炉燃料。

（三）生物质的物理化学转化

对生物质进行物理化学转化可生产高密度生物燃料。更具体地说，通过酯化或酯交换过程，不同形式的植物油和动物脂肪可转化为生物柴油。菜籽油和葵花籽油分别占全球生物柴油总产量的 80%~85% 和 10%~15%，是用于制造第一代生物柴油的主要植物油。对于第二代和第三代生物柴油的生产，还可以使用废油［如废食用油（waste cooking oil，WCO）］和微生物油（如藻油）。值得注意的是，油主要由甘油三酯组成，它们不是可用的燃料。事实上，需要对粗植物油进行转化，否则可能会出现燃烧不完全和随后的发动机残留物堆积等问题。因此，必须对原材料做进一步的加工——主要是通过酯交换反应，将甘油三酯分子分离成它们的成分、脂肪酸和甘油。在酯交换反应期间，在主要存在碱性催化剂的情况下，可使用甲醇或乙醇（过量）将甘油三酯转化为甲酯或乙酯（生物柴油）。

三、生物质能的利用方式

世界能源市场严重依赖煤炭、石油和天然气——这些统称为化石燃料。化石燃料燃烧过程中产生的副产品包括各种有毒空气污染物和二氧化碳，其对人类的健康和福祉构成重大威胁，并使全球变暖和环境退化显著加剧。18世纪，煤炭开采开始后，煤炭成为工业革命的主要燃料。以前，人类对能源的需求完全由木材和木炭满足。这些仅构成已知的有机、可再生碳资源，其数量极多足以作为化石燃料的替代品。生物质能是一种可再生能源，与化石燃料不同，它可以直接使用或转化为其他形式后使用，释放生物质在其生长过程中最近从大气中捕获的二氧化碳量。这就是生物质被认为是"碳中和"的原因。这也引起了全世界对使用生物质作为化石燃料衍生能源的替代品，特别是作为液体燃料和化学品（甲醇、乙醇、生物柴油等）的来源的兴趣。截至目前，许多部门都受益于生物质：作为食物、饲料和燃料，用来发电、供热，或者作为工业领域如木材加工、造纸和化学工业的材料和资源。

（一）能源

能源部门目前的模式在经济、环境和社会方面都是不可持续的。自 1970 年以来，全球温室气体排放量增加了一倍，而对石油的需求的增加导致了对供应安全的担忧。解决这个问题的一种潜在方法是发展生物质能源。生物质能源是最古老和应用最广的可再生能源。它通常来自废料，包括林业（伐木、间伐和加工残留物）、农业（收获和加工残留物）以及食品和城市固体废物的木质纤维素残留物。此外，农作物、原始木质纤维素生物质和藻类也可用作生产生物质能源的原材料。如今，它可以提供热能、电力和运输燃料，约占世界基本能源供应总量的 10%，而且这一比例在全球范围内每年以约 2.5% 的速度增长。生物资源释放的生物质能源量完全取决于原料的类型：木质素含量较高（23.9%~32.0%）的木质生物质比农业生物质（108~130 kg/m³）更坚固、密度更大（350~490 kg/m³）。这本身就使其比农业生物质更能抵抗微生物和酶促作用。对于生物质能源生产，特别是生物燃料，生物质中需要更高水平的纤维素才能产生更多挥发物，这是燃烧过程中点火和氧化所必需的。而较低的半纤维素和木质素含量是原料的适宜特征，因为木质素起到作为一种化学胶，使纤维素与半纤维素难以分离，并防止由结晶纤维素生成无定形纤维素的作用。此外，木质素会抑制纤维素酶进入纤维素，从而对生物质的生物转化产生抑制作用。在经济欠发达国家，最常见的生物质能源使用方式是一次供热和烹饪。与此类生物质能源相关的主要问题是生物质来源不可持续，导致森林退化。此外，以这种方式燃烧生物质的效率在 10% 和 20% 之间，具有相当大的室内污染，而大规模的燃烧厂以一种与化石燃料竞争的方式高效地产生热量。用于从生物质中获取热量的功率最大的商业系统为 10 MW（兆瓦）的超大型锅炉。这些锅炉主要用于工业，家庭燃烧木材、木屑或木屑颗粒原料供热。生物质能也可以通过多种方法转化为电能，但大多数生物发电厂利用直接燃烧技术，焚烧生物质并用产生的高压蒸汽驱动涡轮发电机发电。汽轮机的电力输出取决于其容量。通常，电力周转率为 15%～35%。用于生物发电的 CO_2 量取决于转化技术的有效性以及生产生物质消耗了多少化石燃料；良好的农业和林业管理是关键因素之一。在一项研究中，美国估算了几种原料每单位发电量的生产成本和碳减排成本，发现其大大低于化石燃料：棉花秸秆的温室气体排放量最大（325 吨二氧化碳当量），其次是玉米炉（235 吨二氧化碳当量），而松木片排放的温室气体最少（134 吨二氧化碳当量），发电量相似。由于可持续能源经济的发展，世界电力需求将从 2009 年的大约 20 000 TW·h（太瓦时）激增至 2050 年的 42 000 TW·h，而且据估计，可再生能源的份额将从 2009 年的 19% 增加到 2050 年的近 60%。

下面对生物燃料做详细介绍。

随着人类社会和经济的进步，人类对能源和相关基础设施的需求不断扩大。回归可再生能源以应对气候变化挑战不失为一种较好选择。生物燃料，如谷物、糖料作物、油料作物、淀粉、纤维素材料（草和树）和定义为生物燃料的有机废物，可分为三大类：固态生物燃料、气态生物燃料和液态生物燃料。①木柴、木屑、木屑颗粒和木炭属于固体生物燃料，自人类文明诞生以来就一直在使用；木材和其他植物秸秆被用于取暖和烹饪——尤其是在发展中国家。②沼气是一种有潜力替代天然气的可再生气体生物燃料，源自生物质的厌氧消化。据估计，每年可用的农业原料和生活垃圾可以释放超过 1 万亿 Nm^3 的生物甲烷来发电和供热。柳枝稷是一种高大的暖季多年生草，通过厌氧消化可以产生比其他作物更多的生物甲烷。这是一种环保、低成本的方法，微生物将生物质转化为甲烷和二氧化碳。然而，仅通过微生物分解其木质素并不能完全产生沼气，因此，需要进行化学、微生物、机械或热预处理。大多数草的甲烷产量随着收获的延迟而增加，而收获时间的影响在凉爽和潮湿条件下（如加拿大东部）是不同的。最大甲烷产量来自仲夏或初秋收获的柳枝稷；与在夏末收割一次相比，采取收割两次的方式可以获得更多的甲烷——大约多25%。合成气是另一种通过原料气化或热解制造的气态生物燃料。合成气提纯后可用作合成交通燃料、甲醇、乙醇、甲烷、二甲醚等产品的原料。③生物柴油代替柴油、生物乙醇代替汽油是液体生物燃料的两种最常用形式。根据美国能源信息署（U. S. Energy Information Administration，EIA）最新预测，2014 年至2040 年，全球石油和其他液体燃料的使用量将增长38%，交通和工业部门将消耗全球 92% 的液体汽油。这种迅速增长的需求推动了对一系列生物质原料的研究，这些原料可用于生产能替代化石燃料的燃料。发动机中生物燃料的燃烧会产生 CO_2 排放，这会被其来源植物的光合作用所抵消。然而，由于化石燃料大量用于农业机械和运输，温室气体排放量仍然很高。此外，在实际应用中，还必须考虑用于生物质生产的肥料、杀虫剂和除草剂的影响。因此，生命周期分析（life cyle assessment，LCA）（包括评估原材料、土地利用变化、生物燃料制造和每种生物燃料的最终使用情况）是确定生物燃料相对于化石燃料的效率的必要工具。例如，与化石柴油相比，对美国大豆生物柴油的生命周期分析表明化石能源消耗减少了 80%，温室气体排放总量减少了 66%~72%。耕作过程在生物燃料的温室气体排放计算中起着关键作用。例如，相对于用于生物质生产的大豆生物柴油，油菜生物柴油产生的温室气体要多得多，为 18.5 g CO_2e/MJ，而用于生物质生产的大豆为 9.2 g CO_2e/MJ。这主要是因为油菜不能固定大气中的氮，而大豆可以。第一代之后的生物燃料通常统称为高级生物燃料。第一代生物燃料，如乙醇，在巴西、美国，由甘蔗、玉米、甜菜、小麦和大豆等粮食作物或经济作物制成，在法国、德国以及其他欧洲国家由油菜制成，而在亚洲和非洲则由棕榈油制成。大多数商业生产的生物燃料都来自这些原料，而纤维素、半纤维素和木质素等木质纤维素材料用于生产第二代或高级生物燃料。第三代生物燃料的生产基于藻类和海洋植物。用藻类生产的生物燃料具有替代化石燃料的巨大潜力，因为它们可以使用污水、废水和盐水，在不适合用于第一代和第二代生物燃料生产的作物生长的地区生长。尽管如此，其生产成本高昂，并且仍需要研究和开发以使第三代清洁能源足够高效。这种类型的原料比陆生植物的生长速度快3~4倍，并且具有与农业或森林残留物相当的纤维素含量，以及较低的木质素和半纤维素含量。未经处理的大型藻类具有大约76%的纤维素转化率，而用过氧乙酸处理原料然后再用离子液体处理会导致几乎完全的纤维素转化。如果将生物质废物转化为有用的生物燃料不需要过多的能量，那么生物燃料可能比原油和煤炭更有优势。有几种可用于生物质能转化的技术和方法。将生物质转化为燃料的两种常见方法是热化学和生化转化：前者是指利用加热进行生物质分解，而后者是指利用微生物或酶将生物质转化为生物燃料。简而言之，生物燃料生产的一般过程包括两个主要步骤：①减少原料中的氧气以提高能量密度；②在源自生物质的中间体之间形成 C—C 键以增加最终产品的分子

量。世界生物燃料产量从 2000 年的 9.2 吨油当量急剧
增加到 2018 年的 95.4 吨油当量。这种快速发展是由
鼓励使用和生产生物燃料的政策带来的，因为人们认
为生物燃料可以保障能源安全并减少相关部门的温室
气体排放。

（二）化学制品/生物制品

除了生产生物能源和生物燃料，生物质还用于生
产特定的生物质衍生化学品（生物产品）。据 Nova In-
stitute 统计，2022 年全世界生产了约 490 万吨的生物
基聚合物（不包含燃料乙醇），实际产量为 450 万
吨①。这显示了经济可持续发展的潜力，同时有必要
减少对化石燃料的依赖，从而显著减少温室气体排放。
尽管如此，石油和天然气仍被广泛用于有机化学品和
聚合物制造，这与当前减少污染、遏制环境退化和资
源枯竭的趋势不符。生物化学品种类繁多，包括具有

---

① 创业邦发布《2023 年生物基材料投资分析报告》[EB/OL]. ht-
tps://business.sohu.com/a/708631779_121687424.

悠久生物基历史的产品（如柠檬酸）、新引入市场的材料（如丙二醇）以及从生物质中获得显著增长和发展的产品。大多数化学品都是由特定的构件块衍生而来的。有趣的是，所有这些块都可以用它们被称为生物衍生构建块的对应物如甲酸、乳酸、乙二醇、丙烯、琥珀酸、糠醛、木糖醇、山梨糖醇、赖氨酸和乙二醇替代。与化学工业中树木产品的概念类似，一种化学前体可以转化为多种衍生物，将化学品连接到价值链上。因此，可以利用生物质生产出范围广泛的增值材料或化学品，既可以作为黏合剂、润滑剂、害虫防治剂、油漆和涂料、颜料和油墨等最终产品，又可以作为进一步加工的中间产品，例如生物塑料、生物复合材料、化妆品、食品、药品和医疗器械的成分。

（三）生物炭

具有明确化学结构的生物质可用于多种转化过程，例如进行热解以制造多功能产品（如生物炭）。国际生物炭倡导组织（International Biochar Initiative，IBI）

将生物炭描述为一种具有高碳含量的碳化材料，它具有抗降解性，来源于生物基原料在没有添加氧气的情况下通过热解或气化进行热化学分解。生物炭广泛应用于工业、农业和自然环境。它可以用作土壤补充剂、饲料和青贮饲料作物，还可用于水处理。生物炭已被视为降低 CO_2 浓度的有效工具，因为它可以延缓土壤固定碳返回大气。生物炭还可以抑制其他温室气体如土壤中的 N_2O 和 CH_4 的排放。这可能是由于生物炭增加了土壤中氨的吸附，导致反硝化可用氮量减少。这种土壤改良剂可以固定土壤和污水中的污染物，因为它具有高吸收率和抗微生物降解性，为污染物提供了结合位点。生物炭目前正作为启动"双重绿色革命"的一种方式进行销售，用它可以解决土壤有机质的温室气体排放问题并维持粮食安全。生物炭还对土壤的物理特征（如密度、孔隙率、结构和质地）以及化学特征［如阳离子交换能力（cation exchange capacity，CEC）、pH 值、土壤碳、养分循环和保水性］施加积极的影响。此外，生物炭通过提供碳底物、释放或吸收有益或阻碍微生物生长的物质，或通过为微生物提供栖息地扩大微生物生态位空间，可以对土壤生物群产生一系列影响。因此，生物炭有可能成为农场的一种有价值的工具，促进可持续农业发展。特别是在热带地区，那里的气候条件导致土壤有机质迅速退化而缺乏土壤有机质。例如，对从 16 个田地和盆栽收集的数据进行的金属分析报告显示：当生物炭改良剂将酸性、中性和粗质地土壤的 pH 值提高 2.0 时，产量可提高 30%。同样，生物炭土壤改良剂可以增强土壤保水性和养分有效性，促进根系发育，因而能增加玉米产量。除了热带地区，还有理由认为生物炭可能对温带地区有益。土壤中生物炭通过更高的 N 保留为植物提供 N，减少植物可用 NH_4^+ 和 NO_3 的浸出，这对于非固氮作物尤为重要。此外，其对土壤微生物的影响会改变 N 循环。例如，在中国，由于土壤 pH 值上升、土壤有机碳和总氮增加以及土壤容重增加，在第一和第二个种植周期，施用生物炭后的水稻产量比对照地块高 10%~20%。另有人在加拿大魁北克南部的壤质沙土和砂质黏壤土中研究了玉米、大豆和柳枝稷对浓度为 0、10 和 20 mg ha 的松木生物炭的反应。在壤土上，施用 20 mg 生物炭与对照地块相比，玉米产量提高了 14.2%；这种影响在砂质黏壤土上不存在。Biochar 不影响两种土壤类型上大豆或柳枝稷地块的养分有效性或产量。根据这些结果，生物炭利用的效果取决于土壤质地和作物类型。生物炭还可用作甲烷发酵和堆肥的辅助材料。此外，生物炭被认为是氢气形成的底物、热解和气化中的过滤器或造粒时的燃料。

四、生物质能的优缺点

（一）生物质能的优点

在各种资源和可再生技术中，生物质可能是发展中国家最有希望的经济杠杆。为了对利用生物质（即电力和生物燃料）生产主要产品的不同生产技术进行经济分析，有必要对生产成本、转换效率和加工规模进行评估。所考虑的参数分别包括电能和生物燃料生产的平准化能源成本（levelized cost of energy，LCOE）（美元/千瓦时）和最终生物燃料成本（美元/升）。同时，所考虑的过程的制造成本和转换效率可能会根据所使用的原材料和所进行的转换类型的不同而有很大差异。一般来说，发电成本为 0.03~0.24 美元/千瓦时，而生物燃料的生产成本为 0.13~0.99 美元/升。然而，与生物燃料相比，传统电力和燃料的价格仍然具有竞争力。尽管如此，与使用化石燃料不同，生物质的优点是显而易见的，具体如下：

（1）生物质能是一种可再生能源，因为枯死的植物、垃圾和粪便随手可得。与太阳能和风能不同，生物质能可以储存以备将来使用。

（2）生物质能可以减少对化石燃料的依赖，因为它利用天然材料在当地生产能源。

（3）与煤炭和石油等化石燃料相比，生物质能的成本更低。

（4）生物质能源可以减少相应当量的化石燃料成

本的 1/3。

（5）生物质能还是一种碳中和能源。在光合作用过程中，大气中的二氧化碳被植物吸收。一旦植物腐烂，碳就会被释放回大气中。这将使得释放的生物质和被吸收回的量之间达到平衡。当一些植物腐烂时，需要种植其他新植物以中和生物质生产过程中释放的碳量。

（6）每天都会产生大量的有机废物和农业废物，这使得生物质能源在世界各地都很容易获得。利用废物获取能量对环境具有积极影响。

（7）生物质可用于家庭烹饪和取暖，还可用于烘干农作物和生产沼气。

（8）生物质取代化石燃料可减少空气污染。源于农场废物的燃料则是为作物增值的副产品。

（9）使用生物质可大大减少温室气体排放量，有助于缓解气候变化和全球变暖等环境危机。

（二）生物质能的缺点

生物质能也有一些缺点。中国循环经济协会发电分会提供的一份资料显示，近70%的投运生物质电厂"燃料费用即时支付及燃料收储运困难，基本抵消了生物质发电产业的天然优势"，甚至有些电力集团以少亏损作为对生物质发电项目的考核指标，导致许多电力投资集团不愿投资生物质发电项目，而大规模转投风能和太阳能发电。具体体现在以下几个方面：

（1）昂贵。生物质提取费用非常昂贵。有时，生物质项目被放弃，因为提取成本巨大，收益相对较小。

（2）空间要求高。生物质发电厂占地面积大，废品回收也需要大量的水。

（3）氮氧化物污染。生物质提取过程会产生乙醇，从而增加大气中氮氧化物的含量。

（4）环境破坏。生物质会比太阳能和风能产生更多的能量。使用生物质能会释放一氧化碳和二氧化碳等气体，从而导致空气污染。二氧化碳气体还会导致全球变暖。

（5）设施不足。在季节性供应期间，生物质能源厂面临空间短缺，无法储存来自不同生物质供应源的各种成分。

（6）严重依赖天然材料。大量的天然材料和其他废品必须烧掉才能产生足够的热量来加热。

（7）效率低下。一些生物质最终产品必须和其他相关产品结合起来使用才能有效发挥作用。例如，要实现完整的发动机燃烧，需要乙醇与汽油结合使用。

（8）土地浪费。种植生物质植物作物占用了种植粮食作用的土地。

（9）导致森林被砍伐。生物质能源的主要来源之一是木材。为了发电，大量的木材和其他废料被燃烧。这会导致森林被过度砍伐。

五、生物质能在全球部分国家的应用现状

（一）加拿大

加拿大自然资源丰富，地形地貌多样。农业和林业在发展中的生物经济国家中发挥着至关重要的作用。来自农业和森林残留物的生物质被一些公司用来生产生物产品和可持续的再生能源。目前，2 700 万吨的生物质总量被 200 多家生产生物制品的加拿大公司使用，销售额达 13 亿美元。加拿大每年的农业残留物产量估计约为 82.4 吨（不包括小麦干草和饲料玉米）。该国农业残留物的主要贡献者是萨斯喀彻温省、阿尔伯塔

省、安大略省、曼尼托巴省和魁北克省，占加拿大农
作物产量的 96%。麦秸是主要秸秆，主要产于西部省
份，提供了麦秸总供应量的 92.6%，占全国农业秸秆
总产量的 40% 以上。此外，西部省份在大麦、燕麦、
油菜、干豌豆和亚麻的残渣中占很大比例。加拿大西
部每年生产约 37 吨谷物秸秆。尽管其产量很大，但对
土壤保护和牲畜饲养有很高的要求。土壤防风蚀和水
蚀的要求是 0.75~1.5 吨/公顷。事实上，考虑到土壤
保持和牲畜饲养的要求，平均可用剩余量仅为 15 吨。
但是，这一大容量的主要限制在于它的年变化很大，
可用量为 2.3~27.6 吨/年。安大略省和魁北克省是玉
米和大豆的主要产地，分别产生了 96.7% 和 95.4%
的玉米秸秆和大豆秸秆生产的总残留物。加拿大东部
的主要制约因素与加拿大西部相似，因为土壤保持需
要大量的材料，而且由于天气波动，恢复大部分这种
生物质的能力可能会受到限制。加拿大对作物残留物
的研究表明，可持续的生物质生产需要依赖专用的生
物质作物，以降低商业用户和工业用户的生物质供应
风险。加拿大拥有 347 万公顷林地，是世界第三大森

林地区，具有巨大的生物质和生物基产品潜力。加拿大来自农业和森林残留物的木质纤维素原料估计为 64~5.61 亿干吨。2007 年，加拿大国内利用生物质生产的生物燃料中有乙醇 10 亿升、生物柴油 9 700 万升。2015 年，加拿大有 190 家企业从事生物制品生产，这些生物制品主要是生物燃料和生物能源，分别占生物制品总产量的 58.4% 和 21.1%。2015 年，生物产品的总销售额约为 43 亿美元。其中，生物燃料占总销售额的 63.6%，产生了 27 亿美元的收入。2017 年，加拿大的森林为本国经济贡献了大约 246 亿美元。来自森林的两种主要林业衍生生物能源原料资源是自然干扰（主要是昆虫侵袭）产生的采伐残留物和枯木（standing dead timber）。对未来的估计表明，自然干扰和收获残留物的平均年产量分别为 51 ± 17 Tg 和 20 ± 0.6 Tg。从经济和社会发展形势看，加拿大有必要研究开发可再生能源以取代化石燃料。例如，不列颠哥伦比亚省北部生物质产业发展包括三个重要目标：将生物质能源框架构建到需要获取天然气的现有网络中；提供丰富的生物质存量；广泛利用创新和计划方法，并筹集足够的资金来支持这些网络。第一个目标可以通过公开讨论和政府支持来实现。第二个目标可以通过高校之间的联合建立指导组织来实现。第三个目标可以通过政府奖励和预付偿还计划、私人放债（例如，信用协会）和网络储备的结合来实现。为不列颠哥伦比亚省北部和加拿大境内其他关键地区的生物质能生产、分配和利用提供资产管理系统，将是朝着开发这种能源的巨大潜力迈出的重要一步。加拿大非常依赖与美国连通的管道运输——加拿大出口的天然气全都通过管道系统运往美国。由于美国当地生产的发展，加拿大的出口已经改变，这种模式预计将在未来几年持续下去。实际上，在2010—2014年，通过加拿大管道向美国出口的天然气下降了7%，而在类似的时间跨度内，通过美国管道向加拿大出口的天然气增加了21%。加拿大目前正在评估区分其天然气出口的方法，不列颠哥伦比亚省拟建的液化天然气贸易码头证实了这一点。鉴于这种情况，有多种考虑因素，包括环境影响、不断增长的能源需求以及预期的天然气价格上涨，这些都在警示我们，必须改变能源供应系统。最好的机会之一还在于开发和使用致密形式的固体生物质来生产热能和电力。欧盟市场正在成为家用和商用生物质供暖系统和发电用木屑颗粒的主要消费者。农用颗粒的原料可以是稻草和各种其他农业副产品。除了需要更专业的燃烧系统外，副产品的储存和管理能力也是降低球团生产复杂性的重要考虑因素。因此，生产能够减少与运输相关的能量输入并优化燃烧颗粒的参数至关重要。加拿大的农用颗粒生产进展缓慢——尽管它拥有丰富的原材料基础。其原因之一是，虽然我们有各种农用颗粒燃烧炉和锅炉，但这些系统相对昂贵，并且由于致密农业燃料的碱含量高，因此在功能可靠性方面面临挑战。欧盟国家正在帮助补贴初始投资，以转换为更先进的颗粒加热系统。

（二）美国

美国是最大的生物乙醇生产国，其次是巴西。乙醇是美国燃料工业和美国经济的重要支柱。乙醇（E10）可用于制取汽油，乙醇汽油占美国汽油总量的

10%。今天，据估计美国汽油总量每年使用量约为560亿 L。玉米淀粉主要用作生产生物乙醇的原料。此外，玉米是全国种植的主要农作物。2015 年，玉米种植面积约为 3 800 万 ha，产量为 3 810 亿 kg。目前，有 1 630 亿 kg 乙醇用于生产 560 亿 L 乙醇。据估计，如果美国生产乙醇，玉米产量和以玉米为原料的生物燃料产量将增加，达到 E20 的水平（乙醇在总汽油池中的 20%）。该国的乙醇产量正在大幅增加。与 1998 年的乙醇产量（64 亿 L）相比，美国的生物乙醇产量增长了近 10 倍。2007 年生物乙醇产量为 24.71 桶，2010 年和 2016 年分别增加到 50.41 桶和 57.8 桶。在美国，以生物质为基础的能源贡献了更大的份额，占可再生能源总产量的 43%。然而，纤维素生物燃料远未达到生产目标。为了扩大纤维素生物燃料的利用，《可再生燃料标准》（Renewable Fuel Standard，RFS）为生物燃料生产制定了远大的目标。2018 年，美国的可再生能源总产量约为 12 374 799 TJ（英国热单位）。基于生物质的生物能源贡献了约 5 634 020 TJ，其中，包括乙醇和生物柴油在内的生物质衍生燃料贡献了

2 397 TJ，其余由木材衍生燃料贡献。根据美国能源信息署（2019）的数据，2018 年用于生产燃料乙醇的玉米和其他生物质投入（原料）总量约为 2 274 709 TJ，燃料乙醇产量约为 640 亿 L。除了生物乙醇，该国还生产生物柴油——尽管与乙醇的生产水平不同。2018 年，用于生产生物柴油的生物质输入（包括植物油）约为 253 214 TJ。生产的生物柴油总量约为 72 亿 L。乙醇主要以 10% 的比例与汽油混合使用。但是，它也可以以 E85 形式（15% 的汽油和 85% 的汽车燃料混合物）使用，它可以对汽油排量产生更大的影响。然而，由于玉米的可用性，汽车燃料市场可能仅限于谷物乙醇。例如，玉米和谷物只能为中西部各州提供区域所需乙醇的 2/3。这表明需要更先进的技术和额外的资源，以扩大生物能源在交通部门的作用。

（三）巴西

可再生资源在巴西能源矩阵中做出了巨大贡献。2015 年，可再生资源占全国总能源矩阵的比重为

41.2%。其中甘蔗生物质占比最大，贡献率为 16.9%。其余部分由木材、木炭和其他可再生资源组成。为了减少对化石燃料的依赖，巴西专注于从可再生资源中生产生物能源。大部分可用的生物质被用于热电厂（站）发电。该国主要的作物生物量贡献者是甘蔗、玉米、大豆和木薯。这些作物产生的总生物量约为 657.1 吨/年。其中，甘蔗在生物能源生产方面均优于其他作物。2008—2012 年的甘蔗产量约为 751.1 吨/年，每年（平均）提供 405.6 吨生物量，能源潜力为 1 802 755 千兆瓦时。巴西是最大的甘蔗和甘蔗乙醇生产国，已成为全球生物燃料（主要是乙醇）的生产中心。甘蔗乙醇对该国的生物经济做出了重大贡献。2013 年，该国的乙醇产量约为 28 桶。考虑到甘蔗及其生产的生物燃料的重要性，巴西政府正致力于在全国范围内扩大甘蔗和生物乙醇的生产。研究表明，到 2030 年扩大甘蔗和生物乙醇生产的影响可能会使全国 GDP 增加 26 亿美元，预计生物乙醇产量为 540 亿升。2017 年，甘蔗种植面积约为 870 万公顷，产量为 633.3 吨，提供 278 亿升乙醇。在巴西，甘蔗主要产

于中部和南部地区。该国甘蔗和生物乙醇的主要产地
是圣保罗州，其占巴西甘蔗总产量的 56.3%。

（四）印度

印度的国土面积居世界第七位。印度是一个发展
中国家，其人口 2022 年为 14.17 亿，具有巨大的生物
能源生产潜力。印度的生物质产量估计为每年 620~
680 吨。其中，一小部分用作动物饲料或用于家庭消
费和小型工业，但大部分仍未利用。据估计，每年约
有 100~140 吨的生物质被用于田间燃烧，相当于 1.5
焦耳的能量潜力。在依赖农业的国家，田间焚烧作物
残茬很常见。IPCC 称，世界上 25% 的生物质，相当
于 36 艾焦耳的能源潜力，正因田间燃烧而被浪费。最
近的一项研究报告显示，在印度旁遮普邦，每年的福
利损失，就燃烧田地造成的健康损害而言，达到 110
万美元。印度是最大的化石能源消费国和温室气体生
产国之一，已在全国推出多项激励计划，以通过使用
未开发的非化石自然储量（生物质）生产生物能源来

减少对化石燃料的依赖。目前，生物质占该国能源使用总量的 32%。据估计，每年约有 189 吨来自农业和森林废弃物的剩余生物质可用于发电。目前，印度政府主要投资可再生形式的电力供应。据丹麦驻印度大使馆称，约有 92.51 亿美元投资于生物质相关项目，可产生 50 亿单位的电力。在印度，重要的生物质作物包括麻疯树和甘蔗。麻疯树是一种主要用于生产生物柴油的能源作物。麻疯树抗旱能力强，很容易在退化的土壤上生长。它主要在亚洲、非洲和拉丁美洲种植。在各种含油种子中，麻疯树含油量最高（>37%），油质好，在生物柴油生产中占有重要地位。麻疯树油具有低酸度和低黏度，以及比许多其他含油种子更高的稳定性，使其更适合生产生物柴油。最常见的生物柴油生产方法是在催化剂存在下，借助甘油三酯与甲醇的酯交换反应生产酯，但是，也可采用其他方法，包括混合、微乳液和热解。生物柴油的能量含量低于传统燃料，因为它含有 10%~11% 的氧气，因此需要更多的燃料才能产生与传统柴油相同的能量。这种化学特性可减少有毒物质排放，使其更加环保。例如，生

物柴油 B100（纯生物柴油）可将未燃烧碳氢化合物、
一氧化碳和硫酸盐的排放量分别减少 67%、48% 和
100%。生物燃料对该国总燃料消耗的贡献非常低，由
此，印度政府制订了围绕麻疯树种植多样化的计划。
印度是世界第二大甘蔗生产国，仅次于巴西。2016—
2017 年，印度的甘蔗种植面积约为 500 万公顷，平均
甘蔗产量为 70 吨/公顷。甘蔗是印度生物乙醇的主要
原料，提供了 22%~25% 的乙醇。

第六章

Chapter 6

太阳能

一、太阳能的来源

太阳是一个主要由氢和氦组成的巨大火球，其中80%的质量由氢组成。在太阳内部，持续不断地在发生质子链式的核聚变反应，因而每时每刻都在稳定地向宇宙空间散发能量。在这个过程中，太阳向宇宙散发的能量是通过一种叫辐射的方式散播的，这种由太阳发出的电磁辐射，就是太阳能。

二、太阳能的应用

目前，来自太阳的辐射能量的主要应用领域为光伏发电和光热。

（一）光伏发电

太阳能应用方式之一是把太阳能转化为电能，叫太阳能光伏发电。太阳能光伏发电的关键元件是太阳能电池板（如图6-1所示）。目前，太阳能电池板主要有单晶硅太阳能电池、多晶硅太阳能电池和非晶硅太阳能电池三种。

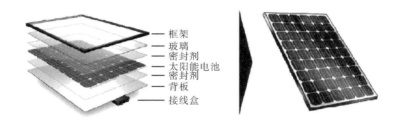

框架
玻璃
密封剂
太阳能电池
密封剂
背板
接线盒

图6-1　标准太阳能光伏板组件

［资料来源：杜邦公司（DuPont）］

1. 单晶硅太阳能电池

单晶硅太阳能电池是最早研发的，制造原料主要是单晶硅片。与其他种类的电池相比，单晶硅电池的转换效率最高，其实验室实现的转换效率可达到24.7%。但由于受单晶硅材料价格及相应的烦琐的电池工艺的影响，单晶硅成本价格居高不下。为了节省高质量材料，有必要寻找单晶硅电池的替代产品，所以现在发展了薄膜太阳能电池，其中多晶硅太阳能电池和非晶硅太阳能电池就是典型代表。

2. 多晶硅太阳能电池

多晶硅太阳能电池的原料是熔化后浇铸成正方形的硅锭。多晶硅电池的表面很容易辨认，硅片由大量不同大小的结晶区域（晶粒）组成。结晶区域里的光电转换机制和单晶硅电池完全相同。由于硅片由多个不同大小、不同取向的晶粒组成，而在晶粒界面处光电转换易受到干扰，因而多晶硅的转换效率相对较低，目前为 17%～18%，其实验室最高效率为 20.3%。多晶硅的电学、力学和光学性能一致性不如单晶硅电池。但是多晶硅的生产工艺简单，可大规模生产，所以多晶硅电池的产量和市场占有率最大。并且，多晶结构在阳光作用下，由于不同晶面散射强度不同，可呈现不同色彩，如金色、绿色等，因而多晶硅电池具有良好的装饰效果，很适合做光伏幕墙或屋顶光伏系统。

近些年来，全世界生产和应用最多的太阳能电池是由单晶硅太阳能电池和多晶硅太阳能电池构成的晶体硅太阳能电池，其产量占到当前世界太阳能电池总产量的90%以上。它们的生产工艺技术成熟，性能稳定可靠，光电转换效率高，使用寿命长，已进入工业化大规模生产阶段。

3. 非晶硅太阳能电池

由于目前晶体硅电池供应短缺，人们试图用非晶硅电池来补充。非晶硅电池产品稳定的效率多为 5%～7%，最高效率为13%，其电池材料厚度在微米级。由于具有转换效率高、成本低以及重量轻等特点，非晶硅太阳能电池有着极大的潜力，是至今最为成功的薄膜太阳能电池。但是，它的光电效率会随着光照时间的延续而衰减，即薄膜经较长时间的强光照射或电流通过，其内部将产生缺陷而使薄膜的使用性能下降，这就是所谓的光致衰退 S-W 效应。其导致电池性能不稳定，直接影响了它的实际应用。非晶硅电池基本独霸消费市场，应用范围从多种电子消费产品如手表、计算器、玩具到户用电源、光伏电站等。此外，其作为半透明光伏组件也可用于门窗或天窗，因此非晶硅电池也很适合用作建筑材料。

太阳能电池的工作原理是光生伏特效应原理（简称"光伏效应"），指光照使不均匀半导体或半导体与金属组合的不同部位之间产生电位差的现象。光子照射到金属上时，它的能量可以被金属中某个电子全部吸收。电子吸收的能量足够大，能克服金属内部引力做功，离开金属表面逃逸出来，成为光电子。

太阳能电池板经过串联后进行封装保护可形成大面积的太阳电池组件，再配合功率控制器等部件就可形成光伏发电装置。光伏发电装置将太阳辐射能直接转换为直流电能，供人们直接使用，或再经逆变转换为交流电，提供生活和生产用能。生活中，我们常常看到屋顶、路灯上有很多太阳能电池板（图6-2）。我们还可以看到现在有的停车棚上安装了太阳能光伏板（图6-3），直接为电动汽车提供电源。此外，太空中的卫星和登月的月球车都由太阳能来提供电源的，这些都是典型的光伏发电技术的应用。

图 6-2 屋顶太阳能电池板

图 6-3 停车棚太阳能光伏板

我国早在 2000 年就已在太阳能光伏产业领域进行前期规划，并通过 2002 年的"送电到乡"推动太阳能光伏产业在人口密度相对较低、土地资源丰富的乡村发展，从而实现了我国太阳能光伏年装机容量从 W

级到 MW 级的转变。2009 年"金太阳工程"的实施，使我国太阳能光伏产业发展进入了"快车道"。如今，我国作为世界光伏产业发展增速最快的国家，拥有世界最大的太阳能光伏产业规模，包括光伏专用设备、平衡部件和配套辅材辅料等，并且产业链各环节的规模也实现了全球领先，在硅材料生产、硅片加工、太阳能电池制造及光伏组件生产等环节已经具备成套供应能力。据统计，2007 年，我国太阳能电池的产量跃居全球第一，目前仍保持着该纪录，且产量遥遥领先。截至 2022 年底，我国光伏组件的年产量已连续 16 年处于全球领先地位。

我国太阳能光伏发电集聚在北京、河北和青海，累计量分别为 506.3 万 Wp、57.0 万 Wp、72.5 万 Wp，分别占全国总量的 73.1%、8.2% 和 10.5%。整体上，华北地区为主要光伏发电区，光伏发电累计量达到 81.6%；西北地区次之，占全国总量的 14.8%；华东地区、东北地区、中南地区和西南地区的光伏发电基础较薄弱。我国太阳能光伏产业初步形成了华东、中南、华北三大板块，光伏企业数分别占到全国总数的 52.67%、20.67% 和 17.85%。

（二）光热

另外一种利用技术就是把太阳能转化为热能，也叫太阳能光热。利用这种技术可以采用不同的采光与集热设计，收集太阳辐射能，转换为不同温度的热能，如热水或热空气，进行直接利用，或者转换为高温蒸汽再经热动力发电转换为电能，提供生活和生产用能，目前应用较广的包括光热发电及太阳能热水器。太阳能热利用主要集中于民用供热，工业制造、农业生产等工农业供热场景。如将太阳能真空管放到屋顶，产生洗浴用热水。再比如，聚光太阳能和线性太阳能集热器，让我们不用遭受烟熏火燎就能实现户外烧烤。

三、太阳能的分布

太阳能是一种低密度、间歇性的能源，受气候条件、日照条件的影响较大。太阳能资源，是用全年的太阳辐射总量以及全年日照总时间来计算的。太阳能资源的分布除了跟当地纬度有关，还跟当地的大气厚度、海拔高度及气候条件密切相关。同等条件下，纬度越低的地区全年获得的太阳辐射能量越大。而大气层厚度越薄的地区，太阳辐射穿越大气层时损失的能量越少，辐射越强。当地如果气候干燥，常年少雨雪或常年为阴天，则年获得辐射量较大。

（一）世界太阳能的分布

美国西南部、非洲、澳大利亚、中国西藏、中东等地区的全年总辐射量或日照总时数最大，是世界太阳能资源最丰富地区。

（二）我国太阳能的分布

我国的太阳能资源分布不均匀，总体呈现出"高原大于平原、西部干燥区大于东部湿润区"的分布特点。根据中国气象局发布的《2021 年中国风能太阳能资源年景公报》，新疆、西藏两自治区，西北中部和西部，西南西部，内蒙古中部和西部，华北西北部，华南东南部，华东南部部分地区年水平面总辐照量超过 1 400 kWh/m²。其中，西藏大部、四川西部、内蒙古西部、青海西北部等地的局部地区，年水平面总辐照量超过 1 750 kWh/m²，太阳能资源最丰富。西藏、青海、新疆、甘肃、宁夏、内蒙古等地区的总辐射量和日照时数均为全国最高，属太阳能资源丰富地区；除四川盆地、贵州省太阳能资源稍差外，中国东部、南部及东北等地区均属于太阳能资源较丰富和中等地区。具体参见表 6-1。

表 6-1　全国太阳辐射总量等级和区域分布表

名称	年总量（MJ/m²）	年总量（kWh/m²）	年平均辐照度（W/m²）	占国土面积的百分比/%	主要地区
最丰富带	≥6 300	≥1 750	≥200	约 22.8	内蒙古额济纳旗以西、甘肃酒泉以西、青海100°E 以西大部分地区、西藏94°E 以西大部分地区、新疆东部边缘地区、四川甘孜部分地区

表6-1(续)

名称	年总量 (MJ/m²)	年总量 (kWh/m²)	年平均 辐照度 (W/m²)	占国土 面积的 百分比/%	主要地区
很丰 富带	5 040~ 6 300	1 400~ 1 750	160~ 200	约44.0	新疆大部、内蒙古额济纳旗以东大部、黑龙江西部、吉林西部、辽宁西部、河北大部、北京、天津、山东东部、山西大部、陕西北部、宁夏、甘肃酒泉以东大部、青海东部边缘、西藏°E以东、四川中西部、云南大部、海南
较丰 富带	3 780~ 5 040	1 050~ 1 400	120~ 160	约29.8	内蒙古50°N以北、黑龙江大部、吉林中东部、辽宁中东部、山东中西部、山西南部、陕西中南部、甘肃东部边缘、四川中部、云南东部边缘、贵州南部、湖南大部、湖北大部、广西、广东、福建、江西、浙江、安徽、江苏、河南
一般带	<3 780	<1 050	<120	约3.3	四川东部、重庆大部、贵州中北部、湖北110°E以西、湖南西北部

　　我国的太阳年辐射总量表现为：西部地区高于东部地区，而且除西藏和新疆外，基本上是南部低于北

部；南方多数地区云雾雨多，在北纬 30°~40° 地区，太阳能的分布情况与一般的太阳能随纬度变化而变化的规律相反，太阳能不是随着纬度的增加而减少，而是随着纬度的增加而增加。按接受太阳能辐射量的大小，我国大致可分为 5 类地区：

Ⅰ类地区：全年日照时数为 3 200~3 300 h，年辐射量为 $(670 \sim 837) \times 10^4 \mathrm{kJ/cm}^2$。

Ⅱ类地区：全年日照时数为 3 000~3 200 h，年辐射量为 $(586 \sim 670) \times 10^4 \mathrm{kJ/cm}^2$。

Ⅲ类地区：全年日照时数为 2 200~3 000 h，年辐射量为 $(502 \sim 586) \times 10^4 \mathrm{kJ/cm}^2$。

Ⅳ类地区：全年日照时数为 1 400~2 200 h，年辐射量为 $(419 \sim 502) \times 10^4 \mathrm{kJ/cm}^2$。

Ⅴ类地区：全年日照时数为 1 000~1 400 h，年辐射量为 $(335 \sim 419) \times 10^4 \mathrm{kJ/cm}^2$。

依据中国划分太阳能光照条件的标准，在不同等级的 5 类地区中，前 3 类地区占中国国土面积的 2/3 以上，年日照时数超过 2 000 h，因此，总体上来说，我国的太阳能资源较为丰富。

我国太阳能资源的高值中心和低值中心都处在北纬 22°~35° 这一带。青藏高原是高值中心，年总辐射量超过 1 800 kWh/m²，分地区甚至超过 2 000 kWh/m²；四川盆地是低值中心，存在低于 1 000 kWh/m² 的区域。这里就不得不提到一个因太阳而得名的著名城市——拉萨，它处于青藏高原的腹地，被人们亲切地称为"日光城"。早在几十年前，拉萨的年平均日照时间就超过了 3 005.7 h，全国没有其他城市能与它媲美。而处在四川盆地上的成都，一年四季光照较少，全年的日照时数仅 1 152.2 h，约为拉萨的 1/3。

四、我国太阳能的特色利用方式

1. 宁夏中卫"光伏+制造+观光旅游"

宁夏地处西北腹地，海拔高，日照时间长，太阳能资源丰富，是全国适宜发展新能源的 5 个省区之一。地处我国第四大沙漠——腾格里沙漠东南缘的中卫市，属于国家 I 类太阳能资源地区。因此，中卫充分利用太阳能，不光发展了光伏产业，还逐步形成"光伏+制造+观光旅游"的上下游产业，可以说，中卫是西部地区发展太阳能的一个缩影。

中卫市沙漠光伏产业园位于腾格里沙漠边缘，这里曾是一片采煤沉陷区，历史上曾长期被风沙困扰，自然环境恶劣。宁夏回族自治区成立后，中卫市逐步实施草方格固沙、灌木林和乔木林防沙等措施；还充分利用光伏板，在板上发电，板下种植作物，板间养殖，一片土地得到三重利用。光伏发电，实现沙漠地区太阳能资源高效利用和沙漠变绿洲的双重收益，可以说是光伏产业给中卫带来的一个"惊喜"。而太阳能板之间的养殖，也为生态保护与畜牧业发展提供了另一种途径。西部地区的太阳能板，下方常有草木生长，这些地区也是畜牧业发展的重要地带。但是任由杂草疯长，又会影响太阳能板的正常建设和发电，于是，牧民们的牛羊便成了现成的"割草机"。中卫市及其他许多地区就是以这种方式平衡畜牧业、生态和新能源三者的。

2. 青海省海南藏族自治州共和县塔拉滩的"光伏+农业"

位于青海省海南藏族自治州共和县塔拉滩的生态光伏园区吸纳了共和县铁盖乡吾雷村、马汉台村、托勒台村三个村的 3 000 只羊"入驻"（参见图 6-4）。如果想要扩大养殖规模，可以用村集体的名义养殖"光伏羊"，方便统一管理、统一销售。这一方面可以解放劳动力，另一方面可以消除"光伏羊"销路问题。除了养羊，太阳能板下还可以搭养殖棚，养殖其他的食草动物，形成"光伏+农业"的新兴农业模式。

图 6-4　青海省海南藏族自治州共和县塔拉滩的

生态光伏园区

（图片来源：青海日报）

3. 浙江省衢州市龙游县"渔光互补"项目

西部地区可以在太阳能板下放羊，东部地区则可以在太阳能板下养鱼。位于浙江省衢州市的龙游县，便发展了"渔光互补"项目——在当地东金村的40亩（1亩≈666.67平方米，下同）公共鱼塘上搭建光伏板，实现渔业和太阳能产业的"双赢"（参见图6-5）。

图 6-5　浙江省衢州市龙游县湖镇镇东金村

4 兆瓦渔光互补项目

（图片来源：衢州传媒网）

五、太阳能的优缺点

和所有能源相同，太阳能自身也存在诸多优缺点。

（一）太阳能的优点

1. 总量巨大

太阳向宇宙空间发射的辐射功率为 3.8×10^{23} kW，

其中 20 亿分之一到达地球大气层。到达地球大气层的太阳能的 30% 被大气层反射，23% 被大气层吸收，47% 到达地球表面。到达地球表面的太阳能的功率为 800 000 亿 kW，也就是说太阳每秒钟照射到地球上的能量相当于燃烧 500 万吨煤释放的热量，每年到达地球表面上的太阳辐射能约相当于 130 万亿吨煤，其属于现今世界上可以开发的总量最大的能源。人类目前每年的能源消费总量仅相当于太阳在 40 分钟内照射到地球表面的能量。根据太阳产生的核能速率估算，氢的贮量足够维持上百亿年，而地球的寿命也约为几十亿年，从这个意义上讲，太阳能是用之不竭的。

2. 成本较低

太阳能基本上是全球成本最低的能源。并且，随着太阳能技术变得更加先进和高效，将太阳能转化为电能的成本将继续下降。在 2009—2020 年，太阳能发电的成本下降了 90%。随着对太阳能的需求的增长和生产规模的扩大，太阳能发电预计将遵循斯旺森定律，即太阳能电池板的生产每增加 1 倍，其成本就会降低

20%。2010年，太阳能发电的成本约为37美分。到2030年，预计成本将为2美分，到2050年将为0.5美分。太阳能的大部分成本发生在安装上，但由于阳光是免费的，太阳能资源通常产生零（甚至是负）边际成本。太阳能电池板安装后的维护费用低，这也是太阳能的边际成本低的一个原因。雨水会清洗大部分太阳能电池板，虽然雪会覆盖太阳能电池板，阻碍能量转换，但雪会相对较快地从电池板的倾斜玻璃上融化，积雪屋顶或田野的反射光还会增加太阳能电池板可以收集的太阳辐射。太阳能逆变器可以使用10~15年，而太阳能电池板没有可移动的部件，其使用寿命也能达到25年。太阳能电池板的效率以每年约0.5%的速度下降，也就是说，太阳能电池板在30年后仍将以74%的速度运行。

3. 零排放

与风力发电、生物质能发电和核能发电等新型发电技术相比，太阳能光伏发电是一种最具可持续发展理念特征的可再生能源发电技术。光伏发电不排放包括温室气体在内的任何物质，无噪声、无污染。根据美国国家可再生能源实验室（National Renewable Energy Laboratory，NREL）的数据，一个屋顶太阳能系统可以在整个系统使用期间满足普通家庭的所有用电需求，可以防止200吨二氧化碳被释放到大气中。这相当于每年少开四辆汽油动力车，或者每年少开5.4万英里（1英里＝1.609 344千米，下同）。

（二）太阳能的缺点

尽管太阳能是当今最便宜的能源形式，但广泛采用太阳能仍然存在障碍。如上所述，太阳能产业在过去10年中增长了10倍，但它仍然只占世界发电量的不到4%。太阳能本身是可变的，并且太阳能电池板的最初生产和最终处置可能产生很高的环境成本。太阳能的利用壁垒正在降低，但要让太阳能成为真正可持续能源，太阳能利用技术还需要不断进步。具体说来太阳能包括以下缺点：

1. 随机、不稳定

就某一地点而言，晚上没有太阳，有些日子会是阴天，冬天的白天比夏天的短。地面上天气的变化具有很大的随机性，所以太阳能是一种不稳定的随机的自然能源，太阳能在我们需要的时候并不总是可用的。因此，太阳能利用装置往往需要配置一定的蓄能装置，这些装置增加了太阳能发电的成本。此外，太阳能普遍存在，人人免费共享，但不同地区能接收到的太阳能却相差很大。我国太阳能资源最丰富的地区的太阳能大致是最贫乏的地区的 2 倍。因此，国家电网需要找到创新的方法，从太阳能丰富的地区获取电力，将可变的再生电力集成到电力系统中，再将其输送到太阳能缺乏的地区。然而，适合太阳能发电的地方大多是距离城市较远的旷野甚至荒漠，而在高人口密度的城市，太阳能发电的效率并不高，也就是说，电发出来了，还需要经过长途输送才能到达使用者手里。该输电成本远高于传统的火电厂，因此，到目前为止，光伏发电的成本仍然比其他常规发电方式（火力和水力发电等）高。这也是制约其广泛应用的主要因素之一。

2. 环境影响

虽然太阳能电池板在发电时不会排放任何温室气体，但太阳能电池板的生产和处置，包括太阳能电池板制造过程中废水和危险废物的产生、太阳能电池板选址时的土地使用问题以及不再使用的电池板的回收，会对环境造成影响。比如，晶体硅电池的制造过程常伴随高污染、高能耗。晶体硅电池的主要原料是纯净的硅。硅是地球上含量仅次于氧的元素，主要存在形式是沙子（二氧化硅）。从沙一步步变成含量为99.999 9%以上的纯净晶体硅，其间要经过多道化学和物理工序，不仅要消耗大量能源，还会造成一定的环境污染。此外，废弃的太阳能电池板，也会对环境产生不利影响。据国际可再生能源机构（International Renewable Energy Agency，IRENA）估计，到2050年，每年将产生600万吨太阳能电子垃圾。

第七章

Chapter 7

海洋能

我们居住的地球，表面积约为 5.1 亿平方千米。其中，陆地表面积为 1.49 亿平方千米，占 29%；而海洋面积高达 3.61 亿平方千米，占 71%。如果以海平面计，全部陆地的平均海拔约为 840 m，而海洋的平均深度却为 380 m，整个海水的容积高达 13.7 亿立方千米。一望无际的大海，不仅为人类提供航运、水源和丰富的矿藏，而且还蕴藏着巨大的能量，它将太阳能以及风能等以热能、机械能等形式蓄在海水里，这些能量统称为海洋能。

海洋能作为一种蕴藏在海洋中的可再生能源，是海洋通过各种物理过程接收、储存和散发的能量，这些能量以温差能、潮汐能、波浪能、盐差能、海流能、海风能等形式存在于海洋之中。除了依附在海水中的可再生能源外，海洋能还涉及更为宽广的范围，包括海面上空的风能、海水表面的太阳能和海里的生物质能。

一、海洋能的分类和来源

1. 温差能

温差能是指海洋表层海水和深层海水之间水温差的热能，是海洋能的一种重要形式。低纬度的海面水温较高，与深层冷水存在温度差，而储存着温差热能。温差能的能量与温差的大小和热交换水量成正比。

温差能的主要利用方式为发电。首次提出利用海水温差发电设想的是法国物理学家阿松瓦尔。1926年，阿松瓦尔的学生克劳德试验成功海水温差发电。1930年，克劳德在古巴海滨建造了世界上第一座海水温差发电站，获得了 10 kW 的功率。

温差能利用的最大困难是温差小，能量密度低，其效率仅有3%左右，而且换热面积大，建设费用高，各国仍在积极探索中。

2. 潮汐能

潮汐能指在涨潮和落潮过程中产生的势能。潮汐能的强度和潮头数量与落差有关，通常潮头落差大于3 m的潮汐就具有产能利用价值。潮汐能主要用于发电。

月球引力的变化引起潮汐。潮汐导致海水平面周期性地升降，海水涨落及潮水流动便产生能量。这种能量是永恒的、无污染的能量。潮汐能的能量与潮量和潮差成正比，与潮差的平方和水库的面积成正比。和水力发电相比，潮汐能的能量密度很低，相当于微水发电的水平。

3. 波浪能

波浪能是指海洋表面波浪所具有的动能和势能，是一种在风的作用下产生的并以位能和动能的形式由短周期波储存的机械能。波浪能主要用于发电，同时也可用于输送和抽运水、供暖、海水脱盐和制造氢气。

海水是一种由无数海水质点所组成的流体。在外力作用下，海水质点在其平衡点位置附近作周期性运动，这就形成了波浪。波浪是除潮汐外海水的另一种惊心动魄的大规模宏观运动。风越疾，浪越高，大浪滔天时即使万吨巨轮也会随之摆动。风是引起水面波动的主要外界因素。当风掠过海面时，海水表面因受到空气的摩擦力和大气压力的作用而产生动荡。风速是决定波浪大小的主要因素。一般情况下，风力达到 10 级以上时，波浪的高度可达 12 m，相当于四层楼的高度，更有甚者高达 15 m。海上常见六七级风，它掀起的波浪也足有 3~6 m 高。前面提到海水是由质点组成的，风的吹动或者潮汐的运动均会使海水质点相对海平面发生位移现象，从而使波浪具有势能，而海水质点的运动，又会使波浪具有动能。因此，波浪能是海洋表面所具有的动能和势能的总和。波浪的能量与波高的平方、波浪的运动周期以及迎波面的宽度成正比。另外，波浪能的大小还与风速、风向、连续吹风的时间、流速等诸多因素有关。例如，台风产生的巨浪，其功率密度可达每米迎波面数千千瓦。

4. 盐差能

盐差能是指海水和淡水之间或两种含盐浓度不同的海水之间的化学电位差能，是以化学能形态出现的海洋能。其主要存在于与河海交接处。同时，淡水丰富地区的盐湖和地下盐矿也可以形成盐差能。盐差能是海洋能中能量密度最大的一种可再生能源。

据估计，世界各河口区的盐差能达 30 太瓦，可能利用的有 2.6 太瓦。我国的盐差能估计为 $1.1×10^8$ 千瓦，主要集中在各大江河的出海处。同时，我国青海省等地还有不少内陆盐湖可以利用。对盐差能的研究以美国、以色列为先，中国、瑞典和日本等也开展了一些研究。但总体上，对盐差能这种新能源的研究还处于实验室实验水平，离示范应用还有较长的距离。

5. 海流能

海流能，即海水流动的动能，主要是指海底水道和海峡中较为稳定的流动以及由潮汐导致的有规律的海水流动所产生的能量，是另一种以动能形态出现的海洋能。

海流能的利用方式主要是发电，其原理和风力发电相似。全世界海流能的理论估算值约为 10^8 kW 量级。利用中国沿海 130 个水道、航门的各种观测及分析资料，计算统计获得中国沿海海流能的年平均功率理论值约为 1.4×10^7 kW。属于世界上功率密度最大的地区之一，其中辽宁、山东、浙江、福建和台湾沿海的海流能较为丰富，不少水道的能量密度为 $15 \sim 30$ kW/m^2，具有良好的开发值。特别是浙江舟山群岛的金塘、龟山和西堠门水道，平均功率密度为 20 kW/m^2，开发环境和条件很好。

6. 海风能

海风能是地球表面大量空气流动所产生的动能。

在海洋上，风力比陆地上更加强劲，方向也更加单一。据专家估测，一台同样功率的海洋风电机在一年内的产电量，能比陆地风电机提高70%。我国近海风能资源是陆上风能资源的3倍，可开发和利用的风能储量有7.5亿kW。长江到南澳岛之间的东南沿海及其岛屿是我国最大风能资源区以及风能资源丰富区。资源丰富区有山东、辽东半岛、黄海之滨、南澳岛以西的南海沿海、海南岛和南海诸岛。

二、海洋能的开采（收集）特点

（1）海洋能在海洋总水体中的蕴藏量巨大，但是单位体积、单位面积、单位长度所拥有的能量较小。因此，要想拥有大能量，就得从大量的海水中获取。

（2）海洋能具有可再生性。海洋能来源于太阳辐射能与天体间的万有引力，只要太阳、月球等天体与地球共存，这种能源就会再生，就会取之不尽，用之不竭。

（3）海洋能有较稳定能源与不稳定能源之分。较稳定的为温度差能、盐度差能和海流能。不稳定能源分为变化有规律与变化无规律两种。属于不稳定但变化有规律的有潮汐能与潮流能。人们根据潮汐潮流变化规律，编制出各地逐日逐时的潮汐与潮流预报，预测未来各个时间的潮汐大小与潮流强弱。潮汐电站与潮流电站可根据预报表安排发电作业。既不稳定又无规律的是波浪能。

（4）海洋能属于清洁能源。海洋能开发后，其本身对环境的影响很小。

三、海洋能的利用方式

可借助一定的方法、设备把各种海洋能转换成电能或其他可利用形式的能。海洋能具有可再生性和不污染环境等优点，因此是一种亟待开发的具有战略意义的新能源。

根据循环水管路的开闭，海洋热能发电可分为两种方式：

第一种是将低沸点工质加热成蒸汽，此法属于闭式循环方法。第二种是将温水直接送入真空室使之沸腾并变成蒸汽。蒸汽用来推动汽轮发电机发电，最后从 600~1 000 米深处抽冷水使蒸汽冷凝，此法属于开式循环方法。

实践证明，开式循环比闭式循环有更多的优点：①以温海水做工质，可避免氨或二氯二氟甲烷等有毒物质对海洋的污染；②开式循环系直接接触热交换器，价廉且效率高；③直接接触热交换器可采用塑料制造，在温海水中的抗腐蚀性强；④能产生副产品——蒸馏水。开式循环也有缺点：产生的蒸汽密度低，汽轮机体积大；变成蒸汽的海水排回海洋后，会影响附近生物的生存环境。

根据能量的来源不同，当前最有潜力的发电方式主要分为以下几种：

1. 温差发电

海水温差发电以非共沸介质（氟里昂-22与氟里昂-12的混合体）为媒质，输出功率是以前的1.1~1.2倍。一座75千瓦试验工厂的试运行证明，由于热交换器采用平板装置，所需抽水量很小，传动功率的消耗很少，其他配件费用也低，再加上用计算机控制，净电输出功率可达额定功率的70%。一座3 000千瓦级的电站，每千瓦小时的发电成本在2.55元人民币以下，比柴油发电价格还低。1930年海水温差发电在法国首次试验成功，但在当时发出的电能不如耗去的电力多，因而未能付诸实施。而现在，许多国家都在进行海水温差发电研究。人们预计，利用海洋温差发电，如果能在一个世纪内实现，可成为新能源开发的新的出发点。

2. 潮汐发电

汹涌澎湃的大海，在太阳和月亮的引潮力作用下，时而潮高百丈，时而悄然退去，留下一片沙滩。海洋这样起伏运动，日以继夜，年复一年，是那样有规律、那样有节奏，好像人在呼吸。海水的这种有规律的涨落现象就是潮汐。

潮汐发电就是利用潮汐能的一种重要方式。据初步估计，全世界潮汐能约有10亿多千瓦，每年可发电2万亿~3万亿千瓦时。我国的大陆海岸线长度达18 000千米，根据1958年普查结果，至少有2 800万千瓦潮汐电力资源，年发电量最低不下700亿千瓦时。

世界著名的大潮区是英吉利海峡，那里最高潮差为14.6米；大西洋沿岸的潮差也达4~7.4米。我国杭州湾的"钱塘潮"的潮差达9米。据估计，我国仅长江口北支就能建80万千瓦潮汐电站，年发电量为23亿千瓦时，接近新安江水电站和富春江水电站的发电总量；钱塘江口可建500万千瓦潮汐电站，年发电量为180多亿千瓦时，约相当于10个新安江水电站的发电能力。早在12世纪，人类就开始利用潮汐能。法国沿海布列塔尼省就建起了"潮磨",利用潮汐能代替人力推磨。随着科学技术的进步,人们开始筑坝拦水,建起潮汐电站。法国在布列塔尼省建成了世界上第一座大型潮汐发电站。发电站规模宏大,大坝全长750米,坝顶建有公路。平均潮差为8.5米,最大潮差为13.5米。每年发电量为5.44亿千瓦时。

1949年后我国在沿海建过一些小型潮汐电站,如广东省佛山市顺德区大良潮汐电站(144千瓦)、福建厦门华美太古潮汐电站(220千瓦)、浙江温岭沙山潮汐电站(40千瓦)及象山高塘潮汐电站(450千瓦)。截至2020年,全世界潮汐发电量不到5 000亿千瓦。世界上最大的潮汐发电站是法国北部英吉利海峡上的朗斯河口电站,发电能力为24万千瓦,已经工作了30多年。中国在浙江省建造了江厦潮汐实验电站,电站功率为3 200千瓦。

3. 波力发电

"无风三尺浪"是奔腾不息的大海的真实写照。

海浪有惊人的力量，5 米高的海浪，每平方米压力就有 10 吨。大浪能把 13 吨重的岩石抛至 20 米的高处，能翻转 1 700 吨重的岩石，甚至能把上万吨的巨轮推上岸去。

海浪蕴藏的总能量是大得惊人的，据科学家推算，地球上波浪蕴藏的电能高达 90 万亿千瓦时。大型波浪发电机组已问世。我国也在对波浪发电进行研究和试验，并制成了供航标灯使用的发电装置。将来，每个海洋里都会有属于我们中国的波力发电站。波能将为我国的电业做出巨大贡献。

四、海洋能的优缺点

海洋能是从大洋中提取能量的一种可持续能源，具有许多优点，如可再生、清洁、可靠等。然而，海洋能也存在一些缺点，如开发成本高昂、技术限制和生态环境影响等。以下是关于海洋能优缺点的概述。

（一）海洋能优点

（1）可再生资源。海洋能是一种充足且不断更新的能源，可以有效地减少对化石燃料的依赖，减缓全球变暖现象。

（2）清洁能源。与化石燃料相比，海洋能的开发和利用过程中产生的温室气体排放及其他污染物较少。

（3）可靠性。受自然条件影响较小，海洋能源不易受天气或季节变化的影响，因此其供应较为稳定。

（4）密度高。海洋能的能量密度较其他可再生能源如风能、太阳能更高，因此它可以在较小空间内提供更多能量。

（5）地域差异小。大部分沿海国家都可以通过建设海洋能设施来满足自身的能源需求，减少对进口能源的依赖。

（二）海洋能缺点

（1）高昂的开发成本。海洋能项目的建设和维护费用较高，尤其是在初期阶段。这使得许多国家在短期内无法实现大规模投资。

（2）技术挑战。海洋能开发技术相对复杂，还处于发展阶段，因此需要不断进行研究与创新。

（3）环境影响。虽然海洋能是一种清洁能源，但其在开发过程中可能对周围生态环境造成影响，例如对海洋生物栖息地的破坏、噪声污染等。

（4）电网接入问题。将海洋能设施连接至电网可能面临技术和经济挑战，特别是对于离岸较远的项目。

（5）规模限制。与风能、太阳能等其他可再生能源相比，目前海洋能的发展潜力有限，可能难以满足全球日益增长的能源需求。

　　总之，海洋能作为一种可再生、清洁的能源，具有很高的潜力。然而，高成本、技术挑战和环境影响等因素限制了其大规模应用。要实现可持续的能源供给，海洋能仍需与其他可再生能源共同发挥作用。

五、海洋能的应用现状

（一）全球现状

　　绿色清洁的海洋可再生能源已被人类利用，有的已列入开发利用计划，但人们对它的开发利用程度至今仍十分低。尽管这些海洋能资源之间存在着各种差异，但是也有着一些相同的特征。每种海洋能资源都具有相当大的能量通量：潮汐能和盐度梯度能大约为 2 TW；波浪能也在此量级上；而海洋热能至少要比其大两个数量级。但是这些能量分散在广阔的地理区域，因此实际上它们的能流密度相当低，而且这些资源中的大部分均蕴藏在远离用电中心区的海域。因此只有一小部分海洋能资源能够得到开发和利用。

1. 面临的问题

很多海洋能至今没被利用的原因主要有两方面：①经济效益差，成本高。②一些技术问题还没有解决。尽管如此，不少国家一面组织专家和学者研究、解决这些问题，一面在制定海洋能利用规划。如法国计划到 21 世纪末利用潮汐能发电 350 亿千瓦时，英国准备修建一座 100 万千瓦的波浪能发电站，美国要在东海岸建造 500 座海洋热能发电站。从发展趋势来看，海洋能必将成为沿海国家特别是发达的沿海国家的重要能源之一。

2. 前景展望

全球海洋能的可再生量很大。根据联合国教科文组织 1981 年出版物的估计数字，五种海洋能理论上可再生的总量为 766 亿千瓦。其中温差能为 400 亿千瓦，盐差能为 300 亿千瓦，潮汐和波浪能各为 30 亿千瓦，海流能为 6 亿千瓦。但如上所述难以实现把上述全部能量取出，设想只能利用较强的海流、潮汐和波浪。利用大降雨量地域的盐度差，而温差利用则受热机卡诺效率的限制。因此，估计技术上允许利用功率为 64 亿千瓦，其中盐差能 30 亿千瓦、温差能 20 亿千瓦、波浪能 10 亿千瓦、海流能 3 亿千瓦、潮汐能 1 亿千瓦（估计数字）。

海洋能的强度较常规能源为低。海水温差小，海面与 500~1 000 米深层水之间的较大温差仅为 20 ℃左右；潮汐、波浪水位差小，较大潮差仅 7~10 米，较大波高仅 3 米；潮流、海流速度慢，较大流速仅 4~7 节。即使这样，在可再生能源中，海洋能仍具有可观的能流密度。以波浪能为例，每米海岸线平均波功率在最丰富的海域是 50 千瓦，一般的有 5~6 千瓦；后者相当于太阳能流密度 1 千瓦/米^2。又如潮流能，最高流速为 3 米/秒的舟山群岛潮流，在一个潮流周期的平均潮流功率达 4.5 千瓦/米^2。海洋能作为自然能源是随时变化着的。但海洋是个庞大的蓄能库，能将太阳能以及风能等以热能、机械能等形式蓄在海水里，不像在陆地和空中那样容易散失。海水温差、盐度差和海流都是较稳定的，24 小时不间断，昼夜波动小，只稍有季节性的变化。潮汐、潮流则周期性地变化，对大潮、小潮、涨潮、落潮、潮位、潮速、方向都可以准确预测。海浪是海洋中最不稳定的，具有季节性、周期性，而且相邻周期也是变化的。但海浪是风浪和涌浪的总和，而涌浪源自辽阔海域持续时日的风能，不像当地太阳和风那样容易骤起骤止和受局部气象的影响。

海洋能的利用还很昂贵，以法国的朗斯潮汐电站为例，其单位千瓦装机投资合 1 500 美元（1980 年价格），高出常规火电站。但在严重缺乏能源的沿海地区（包括岛屿），把海洋能作为一种补充能源加以利用还是可取的。

（二）我国现状

从总体看，我国海洋能资源十分丰富，可开发利用量达 10 亿 kW 的量级。其中，我国海岸的潮汐能资源总装机容量为 2 179 万 kW；波浪能理论平均功率为

1 285 万 kW；潮流能 130 个水道的理论平均功率为 1 394 万 kW；近海及毗邻海域温差能资源可供开发的总装机容量约为 17.47 亿~218.65 亿 kW；沿岸盐能资源理论功率约为 1.14 亿 kW；近海风能资源达到 7.5 亿 kW。

我国海洋能开发已有近40年的历史，迄今建成的潮汐电站有 8 座。20 世纪 80 年代以来浙江、福建等地对若干个大中型潮汐电站进行了考察、勘测和规划设计、可行性研究等大量的前期准备工作。总之，我国的海洋发电技术已有较好的基础和丰富的经验，小型潮汐发电技术基本成熟，已具备开发中型潮汐电站的技术条件。但是现有潮汐电站整体规模和单位容量还很小，单位千瓦造价高于常规水电站，水工建筑物的施工还比较落后，水轮发电机组尚未定型标准化。这些均是我国潮汐能开发中存在的问题。其中关键问题是中型潮汐电站水轮发电机组技术问题没有得到完全解决，并且电站造价亟待降低。

　　我国波力发电技术研究始于 20 世纪 70 年代，80 年代以来获得较快发展，航标灯浮用微型潮汐发电装置已趋商品化，现已生产数百台，在沿海海域航标和大型灯船上推广应用。与日本合作研制的后弯管型浮标发电装置，已向国外出口，该技术处于国际领先水平。在珠江口大万山岛上研建的岸边固定式波力电站，第一台装机容量 3 kW 的装置，1990 年已试发电成功。"八五"科技攻关项目总装机容量 20 kW 的岸式波力试验电站和 8 kW 摆式波力试验电站，均已试建成功。总之，我国波力发电虽起步较晚，但发展很快。微型波力发电技术已经成熟，小型岸式波力发电技术已进入世界先进行列。但我国波浪能开发的规模远小于挪威和英国，小型波浪发电距实用化尚有一定的距离。

　　潮流发电研究国际上开始于 20 世纪 70 年代中期，主要有美国、日本和英国等进行潮流发电试验研究，至今尚未见有关发电实体装置的报道。我国潮流发电研究始于 20 世纪 70 年代末，首先在舟山海域进行了 8 kW 潮流发电机组原理性试验。80 年代一直进行立轴自调直叶水轮机潮流发电装置试验研究，正在采用此原理进行 70 kW 潮流试验电站的研究工作。在舟山海域的站址已经选定。我国已经开始研建实体电站，在国际上居领先地位，但尚有一系列技术问题有待解决。

与其他能源相比，潮流能具有以下几个优点：较强的规律性和可预测性；功率密度大，能量稳定，易于电网的发、配电管理，是一种优质的可再生能源；潮流能的利用形式通常是开放式的，不会对海洋环境造成大的影响。

20 多年来，受化石燃料能源危机和环境变化压力的驱动，作为主要可再生能源之一的海洋能事业取得了很大发展，在相关高技术后援的支持下，海洋能应用技术日趋成熟，为人类在 21 世纪充分利用海洋能展示了美好的前景。我国有大陆海岸线 18 000 多千米，有大小岛屿 6 960 多个，海岛总面积达 6 700 平方千米，有人居住的岛屿有 430 多个，总人口 450 多万人。

沿海和海岛既是外向型经济的基地，又是海洋运输和开发海洋的前哨，并且在巩固国防、维护祖国权益上占有重要地位。改革开放以来，随着沿海经济的发展，海岛开发迫在眉睫，能源短缺严重地制约着经济的发展和人民生活水平的提高。外商和华侨因海岛能源缺乏，不愿投资；驻岛部队用电困难，不利于国防建设；特别是西沙、南沙等远离大陆的岛屿，依靠大陆供应能源，供应线过长，造成诸多不便，条件极为艰苦。为了保证沿海与海岛经济持久快速的发展以及人民生活水平的不断提高，寻求缓解能源供应紧张的途径已刻不容缓。

我国从 20 世纪 80 年代开始，在沿海各地区陆续兴建了一批中小型潮汐发电站并投入运营。其中最大的潮汐电站是 1980 年 5 月建成的浙江省温岭市江厦潮汐试验电站。该电站装有 6 台 500 千瓦水轮发电机组，总装机容量为 3 000 千瓦，拦潮坝全长 670 米，水库有效库容为 270 万立方米，是一座规模不小的现代潮汐电站。它不但为解决浙江的能源短缺问题做出应有的贡献，而且在经济上亦有较强的竞争能力。江厦潮汐电站的单位造价为每千瓦 2 500 元，与小水电站的造价相当。浙江沙山的 40 千瓦小型潮汐电站，从 1959 年建成至今运行状况良好，投资 4 万元，收入已超过 35 万元。海山潮汐电站装机容量为 150 千瓦，年发电量为 29 万千瓦时，收入 2 万元，并养殖蚶子、鱼虾及制砖，年收入 20 万元。

　　潮汐发电有三种形式：第一种是单库单向发电。它是在海湾（或河口）筑起堤坝、厂房和水闸，将海湾（或河口）与外海隔开，涨潮时开启水闸，潮水充满水库，落潮时利用库内与库外的水位差，形成强有力的水龙头，水龙头冲击水轮发电机组驱使其发电。这种方式只能在落潮时发电，所以叫单库单向发电。第二种是单库双向发电。同样，只建一个水库，采取巧妙的水工设计或采用双向水轮发电机组，使电站在涨、落潮时都能发电。但这两种发电方式在平潮时都不能发电。第三种是双库双向发电。它是指在符合条件的海湾建起两个水库，涨潮和落潮时，两库水位始终保持一定的落差，水轮发电机安装在两水库之间，可以连续不断地发电。

潮汐发电有许多优点。例如：潮水来去有规律，不受洪水或枯水的影响；以河口或海湾为天然水库，不会淹没大量土地；不污染环境；不消耗燃料；等等。但潮汐电站也有工程艰巨、造价高、海水对水下设备有腐蚀作用等缺点。但综合比较，潮汐发电成本低于火电。

除潮汐能外，重点开发波浪能和海水热能。统计显示，海浪每秒钟在1平方千米的海面上产生20万千瓦的能量，全世界海洋中可开发利用的波浪为27亿~30亿千瓦，而我国近海域波浪的蕴藏量约为1.5亿千瓦，可开发利用量为3 000万~3 500万千瓦，一些发达国家已经开始建造小型的波浪发电站。

结语

从自然到自然——清洁能源的故事

　　随着科技的不断发展和环境问题的日益严重，人类对新型的清洁能源越来越关注。本书介绍了太阳能、风能、水能等常见的清洁能源，以及它们的发展现状和应用前景。本书同时也指出了传统化石能源所带来的环境问题和能源安全问题，以及转向清洁能源的必要性。

　　我们生活在一个不断发展的现代社会，人们对能源的追求已经到了无法回头的地步。然而，我们也面临着大量使用化石能源所产生的环境问题和资源问题。直到 20 世纪 60 年代之后，太阳能和其他清洁能源技术才逐渐开发出来。从那时起，各种清洁能源技术不断涌现，太阳能、风能、水能等已经成为可行的、有效的和广泛可用的新型能源，正在逐步取代传统的化石燃料。

太阳能是最常见的清洁能源之一，其优势在于可以在任何地方获取，使用过程中不会产生污染物。太阳能电池板的价格也在不断下降，使得太阳能发电的成本逐渐变得更加可接受。据统计，全球太阳能产量已经达到了 1 万亿瓦特时的水平。

风能是清洁能源的又一大类别，其技术也越来越成熟和高效。如今，风能已成为全球发展最快的清洁能源之一，并广泛应用于电力生产和工业领域。目前，风能发电已经覆盖全球 100 多个国家和地区，预计未来将有更多的国家推广和使用该技术。

水能是利用水流动驱动涡轮发电机产生电力的一种能源类型。水能发电这一技术已经广泛应用于水电站的建设和运营中。虽然水能发电的设备成本相对较高，但运营成本非常低。水能发电技术也具有极高的环保性，可以通过改善河流、保护鱼类等方法减小对环境的影响。

　　此外，其他清洁能源技术如地热能技术、生物质能技术等也在不断发展中。这些新型的清洁能源技术在推动人类社会向可持续发展方向迈进的同时，也为我们创造了更多的就业机会和发展潜力。

　　认识清洁能源是一项长期而艰巨的任务。我们需要进一步研究、开发、实施和推广各种清洁能源技术，以减少对传统化石能源的依赖，从而减少温室气体排放，保护环境。政府和企业也需要共同努力，加大对清洁能源领域的投资，积极开展相关基础设施建设和政策引导，使新型清洁能源得到最大程度的利用与发展。

　　最后，我们应该提高自身的环保意识，从个人行动做起，采取节能减排、拒绝浪费等措施，积极参与社区活动和环保组织，共同为推动清洁能源的发展贡献自己的力量。让我们心怀未来，共同建设一个更加美好、更加清洁的世界！